Wilfried Feldenkirchen

Werner von Siemens

Erfinder
und
internationaler
Unter-
nehmer

Werner von Siemens

Erfinder und internationaler Unternehmer

Von
Wilfried Feldenkirchen

Siemens Aktiengesellschaft

Die Deutsche Bibliothek – CIP-Einheitsaufnahme

Feldenkirchen, Wilfried:
Werner von Siemens : Erfinder und internationaler Unternehmer / von Wilfried Feldenkirchen. – Berlin ; München : Siemens-Aktienges., [Abt. Verl.], 1992
ISBN 3-8009-4156-2

ISBN 3-8009-4156-2

Herausgeber und Verlag:
Siemens Aktiengesellschaft, Berlin und München

Printed in the Federal Republik of Germany

Vorwort

Die vorliegende Arbeit ist Teil eines seit längerem laufenden Forschungsvorhabens zur Geschichte des Hauses Siemens und zur Entwicklung der deutschen Elektroindustrie. Aus Anlaß der 100. Wiederkehr des Todestages von Werner von Siemens ist diese Arbeit entstanden, die weniger die weithin bekannten technischen Leistungen als vielmehr die unternehmerische Bedeutung des Gründers der Telegraphen-Bauanstalt Siemens & Halske untersuchen will. Die Geschichte dieses Unternehmens, das die Keimzelle der heutigen Siemens AG war, ist weitgehend gleichbedeutend mit den Anfängen der deutschen Elektroindustrie.

Bei der Erstellung des Manuskripts haben mir meine ehemaligen oder jetzigen Mitarbeiter Jost Schmidt, Ruth Vornefeld, Almuth Bartels und Robert Harring geholfen. Ihnen gilt ebenso mein Dank wie dem langjährigen Leiter des Siemens Museums, Dr. Herbert Goetzeler, für seine freundliche Unterstützung.

Nürnberg, im September 1992

Wilfried Feldenkirchen

Inhalt

Einführung

Mitte der dreißiger Jahre des vorigen Jahrhunderts setzte in Deutschland der Prozeß der Industrialisierung ein, der sich um die Jahrhundertmitte beschleunigte und dazu führte, daß Deutschland innerhalb weniger Jahrzehnte von einem noch weitgehend agrarisch geprägten, wirtschaftlich weit hinter den westeuropäischen Nachbarstaaten zurückgebliebenen Land zu einer der führenden Industrienationen der Welt wurde. In der ersten Phase wurde die Industrialisierung vor allem durch den Eisenbahnbau und die rasch steigende Produktion im Maschinenbau sowie in der Schwerindustrie getragen. Die auch als ‚zweite Industrialisierung' bezeichnete Entwicklungsphase am Ende des 19. Jahrhunderts, die im internationalen Vergleich in Deutschland besonders dynamisch verlief, wurde dagegen durch die zunehmende Nutzbarmachung der Elektrizität und die Verwertung neu entwickelter anorganischer und organischer chemischer Produkte, beides grundlegende Innovationen im Sinne des österreichischen Ökonomen Josef Schumpeter[1], bestimmt, wenn auch der Produktionswert dieser ‚neuen' Industriezweige Elektrotechnik und Chemie und ihr Anteil an der Gesamtzahl aller Beschäftigten vor 1914 im Vergleich zu den ‚alten' Industrien noch gering war. Die überdurchschnittlich hohen Wachstumsraten und die erkennbaren Entwicklungsmöglichkeiten deuteten jedoch schon die zukünftige Rolle dieser Industrien im modernen Wirtschaftsleben an, die in ihrer Entwicklung vor allem durch den technischen Fortschritt bestimmt wurden.

---

[1] Joseph Alois Schumpeter (1883–1950) leistete durch seine Beschäftigung mit der ‚reinen' Theorie der Ökonomie einen wesentlichen Beitrag zur Analyse der Konjunkturen, indem er die Bedeutung der von Unternehmen realisierten Innovationen als Impuls für konjunkturelle Wellenbewegungen herausarbeitete. (Business Cycles. A Theoretical Historical and Statistical Analysis of the Capitalist Process, 1939).
In den Anmerkungen werden nur Kurztitel genannt. Die genauen bibliographischen Angaben sind dem Literaturverzeichnis zu entnehmen.

Die Entwicklung der Elektrotechnik

Die Elektrizitätslehre war am Ende des 18. Jahrhunderts aus der Beobachtung und Deutung physikalischer Erscheinungen entstanden und als etwas absolut Neues neben die Mechanik und die Anfänge der Wärmelehre getreten. Innerhalb von zwei Jahrhunderten wurde die Elektrizität als neue Energieform in ihrer praktisch verwendbaren Form entdeckt, erforscht und im weitesten Ausmaß zur Anwendung gebracht. Ähnlich wie sich der gesamtwirtschaftliche Wachstumsprozeß seit der Mitte des 19. Jahrhunderts aufgrund der stimulierenden primären und sekundären Wirkungen der Einkommens- und Kapazitätseffekte selbst trug, wurde die Entwicklung der Elektroindustrie, das heißt jenes Wirtschaftsbereiches, der Maschinen und Apparate zur Erzeugung, Speicherung, Fortleitung und Umsetzung elektrischer Energie in andere Energieformen herstellt, durch die sich permanent vervielfältigenden produkttechnologischen Möglichkeiten vorangetrieben.[2] Durch die Entstehung weiterer Teilbereiche aufgrund neuer Forschungen und Erkenntnisse wurden der Elektrizität immer wieder zusätzliche Anwendungsmöglichkeiten erschlossen, so daß die Elektrotechnik heute unmittelbar oder mittelbar mit allen Bereichen des Lebens verbunden ist und die Wachstumselastizität des Weltelektromarktes gegenüber der Zunahme des weltweiten Sozialprodukts bis heute eine steigende Tendenz hat. Mit einer Größenordnung von 2600 Mrd. DM im Jahre 1990 ist der Weltelektromarkt einer der ganz großen Märkte, und die Elektroindustrie ist mit einem Anteil von 12 % am verarbeitenden Gewerbe die zweitgrößte Industriebranche.

Bis zum Jahre 1780, als Galvani die später nach ihm benannte Kontaktelektrizität entdeckte, war die Elektrizität nur in der durch Reibung erzeugbaren Form bekannt, der kaum eine praktische Bedeutung zukam. Die Beobachtung der Reibungselektrizität, des Blitzes und des Magnetismus weckten jedoch in der zweiten Hälfte des 18. Jahrhunderts, der Epoche der Aufklärung, zunehmend die Neugier einiger Denker und Physiker. Elektro-

[2] Der Begriff Elektroindustrie wird wie folgt verstanden:
a) Technologisch ist die Elektroindustrie bestimmt durch Waren und Leistungen zur Erzeugung, Umwandlung, Verteilung und Anwendung elektrischer Energie.
b) Unternehmenseinheiten werden der Elektroindustrie zugerechnet, sofern der Schwerpunkt ihres Fabrikationsprogramms auf den unter a) genannten Waren und Leistungen ruht. Vgl. Sawall, Unternehmenskonzentration, S. 11.

technische Experimente führten zur Entdeckung neuer Phänomene, von denen sich einige schon bald in praktische Anwendungen umsetzen ließen. Charles Augustin de Coulomb (1736–1806) entdeckte das nach ihm benannte Gesetz von der Anziehungs- und Abstoßungskraft elektrischer Ladungen; der von Benjamin Franklin in den USA erfundene Blitzableiter hat seine Bedeutung bis in die Gegenwart behalten. Georg Simon Ohm (1789–1854) stellte erstmals in dem nach ihm benannten Gesetz den Zusammenhang zwischen Strom, Spannung und Widerstand her; André Marie Ampère (1775–1836) stellte das nach ihm benannte Gesetz über die Wechselwirkung zweier paralleler stromdurchflossener Leiter auf.

Hans Christian Oersted (1777–1851) entdeckte bei der Untersuchung der Begleiterscheinungen des kontinuierlich fließenden Stroms die Ablenkung einer Magnetnadel durch elektrischen Strom und wurde mit der Erkenntnis, daß zwischen elektrischen und magnetischen Kräften wechselseitige Beziehungen bestehen, zum Begründer der Lehre vom Elektromagnetismus.

In den folgenden Jahrzehnten entwickelten die Engländer Michael Faraday (1791–1867) und James Clerk Maxwell (1831–1879) systematisch die experimentellen Grundlagen der Elektrotechnik.[3] Faraday erkannte, daß beim Bewegen einer Spule im Magnetfeld eine Spannung erzeugt wird (Induktion).[4] Damit war die Grundlage zur Ausnutzung der Elektrizität als Kraftquelle geschaffen. Maxwell bestätigte die von Oersted und Faraday gefundenen Zusammenhänge zwischen elektrischem Strom und Magnetfeld, stellte die nach ihm benannten Gleichungen auf und schuf das theoretisch-mathematische Rüstzeug für die dann tätig werdenden Praktiker.

Obwohl das Prinzip der elektromagnetischen Induktion die Umwandlung mechanischer Energie in elektrische möglich machte, waren einer praktischen Anwendung Grenzen gesetzt. Galvani-

---

[3] Werner von Siemens hat in seinen Lebenserinnerungen die Gründung des Elektrotechnischen Vereins im Jahre1879 mit den Anfängen der Elektrotechnik als gesonderten Zweig der Technik gleichgesetzt. Der Begriff Elektrotechnik, durch den zum Ausdruck gebracht werden sollte, daß es sich um die technische Anwendung der Elektrizitätslehre handelte, trat im Namen des Vereins zum ersten Mal auf. Vgl. Werner von Siemens, Lebenserinnerungen, S. 280.

[4] Bereits 10 Jahre vorher hatte Faraday mit dem von ihm gebauten Rotationsapparat die Grundlage für die Entwicklung der Motoren geschaffen.

Bild 1
Michael Faraday
(1791–1867)

sche Elemente[5] konnten nicht in beliebiger Größe hergestellt werden, und die magnetelektrischen Maschinen benötigten für höhere Leistungen große Permanentmagnete, deren Herstellung sich schwierig gestaltete und die zudem noch den Wirkungsgrad der Maschinen verschlechterten.[6]

Die Anfänge der Elektroindustrie sind daher identisch mit der Entwicklung der Schwachstromtechnik, wie man damals die Nachrichtentechnik in Abgrenzung zur Starkstrom-(Energie-)

---

[5] Das galvanische Element wurde von Volta Elektromotor genannt. Diese Bezeichnung war jahrelang üblich und erklärt den Ausdruck elektromotorische Kraft. Vgl. Dettmar, Entwicklung, S. 12.

[6] Schon kurze Zeit, nachdem Michael Faraday das Gesetz der Induktion aufgestellt hatte, baute der Franzose Antonie Hippolyte Pixii eine kleine Erregermaschine, bei der ein einfacher Hufeisenstahlmagnet an den Polen eines ebenfalls hufeisenförmigen Elektromagneten vorbeigedreht wurde. Wenn diese erste Maschine auch noch keine praktische Bedeutung hatte, so leitete sie dennoch eine Reihe von Versuchen mit magnetelektrischen Apparaten, Geräten und Motoren ein.

technik nannte. Die ersten Produkte der zunächst noch handwerklich-manufakturmäßig[7] organisierten Schwachstrom‚industrie' waren der Telegraphenapparat, die Freileitung und das Kabel für den Nachrichtenweitverkehr. Der Amerikaner Samuel Morse baute 1837 den ersten, eine zickzackförmige Schrift hervorbringenden Telegraphenapparat, da weder die bestehenden optischen Systeme noch der Zeigertelegraph von Wheatstone dem mit der entstehenden Weltwirtschaft rasch zunehmenden Informations- und Kommunikationsbedarf genügen konnten. Das Medium der Nachrichtenübermittlung war der von einem Element gelieferte Gleichstrom, der im Rhythmus der Morsezeichen für kurze oder längere Zeit zugeschaltet wurde.

Werner von Siemens: Erfinder und Unternehmer

In die Reihe der überragenden Persönlichkeiten, die die Voraussetzungen dafür schufen, daß die Elektrotechnik sich aus dem Stadium der experimentellen Beschäftigung zur Elektroindustrie entwickeln konnte, gehört Werner Siemens – seit 1888 nach der Verleihung des erblichen Adelstitels Werner von Siemens –, dessen Name für die frühe deutsche Elektrotechnik steht.

Die Persönlichkeit Werner von Siemens (1816–1892)[8] und das von ihm im Jahre 1847 gegründete Unternehmen Siemens & Halske, die Keimzelle der heutigen Siemens AG, haben schon früh die

[7] Die Manufaktur war ein vorindustrieller Gewerbebetrieb mit innerbetrieblicher Arbeitsteilung und Vorherrschen von Handarbeit, in dem im Unterschied zum Verlagssystem die Erzeugung bereits in größeren Betriebsstätten zusammengefaßt war. Im Unterschied zur späteren Fabrik war sie noch nicht mechanisiert. Die Telegraphen-Bauanstalt Siemens & Halske unterschied sich bis 1867, als die Starkstromtechnik die Struktur grundlegend veränderte, vom traditionellen Handwerksbetrieb wie von der Verlags- und Heimarbeit durch die von Anfang an verwandte Kapitalrechnung, durch den formal freien und vertraglich geregelten Charakter der in ihr geleisteten Handarbeit, durch die Trennung des Arbeitsplatzes von der Wohnung der Arbeitenden, durch ihre Größe und die zunehmende Zentralisierung der Arbeitsvorgänge. Andererseits konnte sie nicht als voll entwickelte Fabrik bezeichnet werden, da in der Werkstatt noch die Kooperation mehrerer Mechaniker dominierte, die nebeneinander gleiche und ähnliche Apparate als ganze herstellten. Neben der Objektspezialisierung, die sich im Laufe der Zeit durch die Einführung neuer Produktionszweige zunehmend differenzierte, setzte sich die Spezialisierung nach Arbeitsstufen nur langsam durch. Die Maschinenausstattung von Siemens & Halske bestand im Unterschied zu den meisten preußischen Maschinenbauwerkstätten bis 1870 fast nur aus Universalwerkzeugmaschinen. Eine Dampfmaschine war erstmals 1863 installiert worden. Vgl. Kocka, Angestellten, S. 24 f.

[8] Werner Siemens wurde 1888 der erbliche Adelstitel verliehen. Aus Gründen der Einheitlichkeit wird er auch für die Zeit vor 1888 bereits als Werner von Siemens bezeichnet.

Aufmerksamkeit von Biographen, Wirtschafts- und Technikhistorikern auf sich gezogen. Schon kurz nach seinem Tode und noch unter den kritischen Augen seines jüngeren Bruders Carl begann Richard Ehrenberg seine nie vollendete, 1906 in einem ersten Band erschienene Studie über „Die Unternehmungen der Brüder Siemens". Aus Anlaß des 100. Geburtstages publizierte Conrad Matschoß eine kurze Beschreibung von „Leben und Werk" von Werner von Siemens in Verbindung mit einer Teiledition seiner Briefe. Eine vorläufige Synthese dieser Arbeiten und zahlreicher zwischenzeitlich verfaßter Spezialstudien veröffentlichte Sigfrid von Weiher im Jahre 1966 zum 150. Geburtstag des Gründers der deutschen Elektrotechnik.[9]

Die bisherigen Arbeiten über Werner von Siemens haben vor allem seine überragende Bedeutung für die technische Entwicklung der Elektroindustrie hervorgehoben, eine Betrachtungsweise, die wegen seiner bahnbrechenden Erfindungen und Entwicklungen beispielsweise beim Zeigertelegraphen und beim dynamoelektrischen Prinzip, um nur die wichtigsten, mit der heutigen Mikroelektronik in ihren Wirkungen durchaus vergleichbaren zu nennen, durchaus gerechtfertigt erscheint. Wegen dieser hervorragenden Leistungen auf dem Gebiet der Technik ist jedoch seine unternehmerische Bedeutung etwas in den Hintergrund getreten, obwohl er damals der jungen Wissenschaft Elektrotechnik nicht nur durch seine Erfindungen wichtige Impulse gegeben, sondern auch als Unternehmer die Entwicklung der Elektroindustrie entscheidend gefördert hat. Werner von Siemens war trotz seines starken technischen Interesses bis in seine letzten Jahre bemüht, rentable und prestigebringende Unternehmungen zu übernehmen, die durchaus nicht nur aus der Fabrikation, sondern auch aus Installation und Betrieb bestanden.[10] Nicht zuletzt darin unterschied er sich von Wheatstone oder Morse, daß er eben nicht nur Wissenschaftler oder Erfinder war, sondern die Synthese von Wissenschaft und Unternehmertum darstellte und die Grundlage für das bis heute bestehende Geschäftsverständnis des Hauses Siemens schuf, das sich mit der technisch-wirtschaftlichen Nutzung der Elektrizität im universalen Sinne umschreiben läßt und die fast ausschließliche

[9] Vgl. Ehrenberg, Unternehmungen; Matschoß, Werner von Siemens; v. Weiher, Werner von Siemens.

[10] Vgl. Kocka, Siemens, S. 131.

Beschränkung auf die Elektrotechnik und die Elektronik, die Betätigung als Universalist auf fast allen Gebieten des elektrotechnischen Spektrums und die Vertretung auf allen Regionalmärkten der Welt einschließt.[11]

Die neuere Unternehmerforschung geht davon aus, daß ein Unternehmer sich von einem Manager darin unterscheidet, daß er über die betriebliche Leitungsebene hinaus Entscheidungen von grundsätzlicher strategischer Bedeutung trifft, und sich vom Kapitalisten dadurch abhebt, daß der Einsatz von eigenem Kapital für seine Funktion nur von sekundärer Bedeutung ist. Werner von Siemens hat lange Zeit auch Manageraufgaben in seinem Unternehmen wahrgenommen und war nach der ersten Konsolidierung der wichtigste Kapitalgeber seiner Firmen, doch standen seine unternehmerischen Aufgaben stets im Vordergrund.

Die Betonung der Technik in den bisherigen Veröffentlichungen über Werner von Siemens dürfte darauf zurückzuführen sein, daß dieser sich selbst immer als Wissenschaftler und Erfinder sehen wollte, während er dem Beruf des Kaufmanns weder große Neigung noch besondere Wertschätzung entgegenbrachte.[12] Dennoch charakterisiert der Bericht, den er der Berliner Akademie der Wissenschaften am 17. Januar 1867 mit dem Titel „Über die Umwandlung von Arbeitskraft in elektrischen Strom ohne Anwendung permanenter Magnete“ vorlegte, ihn nicht nur als Wissenschaftler, der den von ihm beobachteten Erscheinungen auf den Grund zu gehen versuchte, sondern auch als Ingenieur und vorausschauen-

[11] Obwohl Werner von Siemens gute Aussichten hatte, aufgrund seiner Kenntnisse und seiner angesehenen Stellung in der Telegraphenkommission Leiter der preußischen Staatstelegraphen werden zu können, zog er eine eigene unternehmerische Tätigkeit vor, wie einem Schreiben an seinen Bruder Wilhelm vom 3. Januar 1847 zu entnehmen ist: Es bot sich ihm die „... verlockende Aussicht, mich vermöge meiner dominierenden Stellung in der Telegraphenkomission zum Leiter der künftigen preußischen Staatstelegraphen aufzuschwingen. Ich wies sie von mir, da ein Dienstverhältnis mir nicht zusagte und ich die Überzeugung gewann, ich würde der Welt und mir selbst mehr nützen können, wenn ich mir volle persönliche Unabhängigkeit verschaffe.“ Vgl. Siemens-Archivakte (SAA) WP Briefe.

[12] Vgl. Werner von Siemens, Lebenserinnerungen, S. 29. Werner von Siemens legte von Anfang an fest, daß die Firma in erster Linie Fabrikation, aber keine Unternehmertätigkeit betreiben wolle. Er nannte die Gründe, die ihn zur Annahme dieses Geschäftsgrundsatzes bewogen, in einem Brief an seinen Bruder Wilhelm vom 11. November 1876: „Lieferungen bilden den soliden Boden des dauernden Geschäfts, während Unternehmungen nur bei besonders günstigen Chancen ersprießlich sind. Ein reines Unternehmergeschäft ist ... daher immer nur vorübergehend in Blüte. Ein Fabrikations- und Lieferungsgeschäft kann Generationen überdauern, und das ist mehr mein Geschmack.“ SAA WP Briefe.

den Unternehmer, der aus den Erfahrungen mit der von ihm konstruierten Versuchsmaschine die Voraussage ableitete:

„Der Technik sind gegenwärtig die Mittel gegeben, elektrische Ströme von unbegrenzter Stärke auf billige und bequeme Weise überall da zu erzeugen, wo Arbeitskraft disponibel ist. Diese Tatsache wird auf mehreren Gebieten derselben von erheblicher Bedeutung sein.“[13]

Noch genauer hatte Werner von Siemens seine Erwartungen an die von ihm vorgestellte Erfindung in einem Brief an seinen Bruder Wilhelm in England am 4. Dezember 1866 umrissen:

„Die Effekte müssen bei richtiger Konstruktion kolossal werden. Die Sache ist sehr ausbildungsfähig und kann eine neue Ära des Elektromagnetismus anbahnen ... Magnetelektrizität wird hierdurch sehr billig werden, und es können nun Licht, Galvanometallurgie usw., selbst kleine elektromagnetische Maschinen, die ihre Kraft von großen erhalten, möglich und nützlich werden.“[14]

Werner von Siemens hat schon damals die wesentlichen Anwendungsgebiete der Starkstromtechnik erkannt und bereits jene Bereiche genannt, die bei seinem Tode verbreitet waren. Im Jahre 1892 baute allein die Firma Siemens & Halske 1000 Dynamomaschinen im Jahr, setzte fast 20 Millionen Mark um und beschäftigte weltweit 6500 Personen, davon 4775 in Deutschland.

Das Unternehmen Siemens & Halske

Wenn überhaupt, ist die Geschichte der Siemens-Firmen als eine Geschichte der Berliner Firma Siemens & Halske geschrieben worden, obwohl die unternehmerische Strategie von Werner von Siemens schon vor der Gründung der Telegraphen-Bauanstalt im Jahre 1847 stark auslandsorientiert war, das Bestehen des Berliner Geschäfts über längere Zeit fast ausschließlich auf seinen Beziehungen zum Ausland beruhte, die Aufwärtsentwicklung der ausländischen Niederlassungen zeitweise die des Berliner Stammhauses übertraf und die internationale Ausrichtung der heutigen Siemens AG Teil einer auf den Gründer zurückreichenden Unterneh-

---

[13] Vgl. Wissenschaftliche und Technische Arbeiten von Werner Siemens, Bd. 1., Wissenschaftliche Abhandlungen und Vorträge, 2. Aufl., Berlin 1889, S. 208–210.

[14] SAA WP Briefe der Brüder Siemens 1843–1892.

menskultur ist. Seit ihrer Gründung hatte die Firma den Charakter eines europäischen Unternehmens deutscher Prägung. Diese internationale Orientierung erhielt bereits Ende der 1870er Jahre einen besonderen Akzent durch die Errichtung einer Fertigung in Österreich und ab 1890 durch den Aufbau eigener Technischer Büros im In- und Ausland. Nur wenige deutsche Unternehmer sind damals mit solcher Bestimmtheit ins europäische Ausland gegangen wie Werner von Siemens und seine Brüder.

Die vorliegende Arbeit, die aus Anlaß der 100. Wiederkehr des Todestages von Werner von Siemens am 6. Dezember 1892 entstand, möchte daher die maßgeblichen strategischen Entscheidungen zur Entwicklung des multinationalen Unternehmens Siemens, die spezifischen Anlässe für das Auslandsengagement und die Absatzstrategien des Unternehmens im Ausland in den Mittelpunkt der Betrachtung stellen. Die Leistungen von Werner von Siemens als Wissenschaftler, Techniker und Erfinder sollen bei der hier gewählten Betonung der unternehmerischen Tätigkeit keineswegs geschmälert werden, zumal sie letztlich die Grundlage seines wirtschaftlichen und gesellschaftlichen Aufstiegs bildeten. Der offenkundige wirtschaftliche Erfolg der Unternehmungen von Werner von Siemens und seinen Brüdern im In- und Ausland rechtfertigt jedoch eine Betrachtung, die den Ursachen dieses Erfolges in den äußeren Umständen, aber auch in den Unternehmerpersönlichkeiten des Firmengründers und seiner Brüder nachgeht.

Multinationale, weltweit arbeitende Unternehmen sind in den letzten Jahren verstärkt in das Blickfeld der Öffentlichkeit, aber auch der wirtschaftshistorischen Forschung gerückt. Gerade im angloamerikanischen Bereich ist die Frage, warum derartige Unternehmen entstanden sind und welche Einflüsse sie auf die internationale Wirtschaftsverflechtung haben, häufig diskutiert worden. Fallstudien haben gezeigt, daß Unternehmen auf dem Weg zum internationalen Konzern meist eine Stufenfolge durchlaufen. In der ersten Phase der Exportorientierung verkaufen unabhängige Agenten die Firmenprodukte im Ausland. In der zweiten Phase erwirbt das Unternehmen eine Exportagentur oder bestellt einen Exportmanager. Im Zuge der Aufgabenerweiterung dieser Agentur gründet das Unternehmen anschließend eine Verkaufsfiliale oder eine Tochtergesellschaft im Ausland, bevor es auf der letzten Stufe selbst die Produktion im Ausland aufnimmt.

Die Vorläuferfirmen der heutigen Siemens AG gehörten nicht zu den Unternehmen, die auf diese Art ihr internationales Geschäft begründet und ausgebaut haben. Der in der Literatur vereinzelt vertretenen Meinung, daß der internationale Verbund der Siemensfirmen in Berlin, London und Petersburg mehr dem Modell vorindustrieller hugenottischer Bankiers- und Kaufmannsfamilien als dem multinationaler Unternehmen entsprochen hätte[15], kann jedoch nicht zugestimmt werden. Werner von Siemens und seine Brüder bemühten sich schon mit ihren ersten Erfindungen und wirtschaftlichen Unternehmungen um Erfolg außerhalb Deutschlands. Indem sie Tochterunternehmen und eigene Produktionsstätten im Ausland nur mit sehr geringer Zeitverzögerung zum Berliner Stammhaus aufbauten, entsprachen sie bald nach Gründung der Firma Siemens & Halske einem wichtigen Kriterium multinationaler Unternehmen.[16] Die von Beginn an festzustellende internationale Ausrichtung hat ihre Ursache zum Teil sicher in den Besonderheiten der noch jungen Elektro‚industrie' um die Mitte des vorigen Jahrhunderts. Schon aus Gründen der Patentsicherung war die Elektroindustrie ebenso wie die chemische Industrie an einem frühzeitigen Auftreten im Ausland interessiert. Auch die Eigenart der ersten elektrotechnischen Produkte wie der Telegraphenanlagen, die der Abdeckung einer nicht unmittelbar marktbestimmten und nicht der allgemeinen Konjunkturentwicklung unterworfenen, aber durch wenige, meist staatliche oder halbstaatliche Großkunden bestimmten, nach dem Beweis der Brauchbarkeit der neuen Einrichtung rasch steigenden Nachfrage dienten, zwang zu frühzeitiger Auslandsorientierung. Zum anderen Teil ist die Wurzel für das Auslandsengagement aber in den Persönlichkeiten der Brüder Siemens, in ihren Anschauungen und politischen Überzeugungen und ihrer tiefen Familienbindung zu suchen. Die schnelle Expansion war allerdings nicht immer unproblematisch und brachte neben finanziellen Risiken auch Spannungen zwischen dem Stammhaus und den Unternehmungen im Ausland mit sich.

[15] Vgl. Hertner, Enterprises, S. 91.

[16] Die Überlegungen, die hinter dieser Unternehmenspolitik standen, werden deutlich in einem Schreiben von Werner Siemens an seinen Bruder Wilhelm vom 13. Mai 1863: „Da wir von hier (Berlin) aus nicht fremde, ferne Anlagen mit Vorteil ausführen können, so haben wir in Rußland, England und Wien Etablissements gründen müssen, die mit Hilfe unseres telegraphischen Vorsprungs, unterstützt durch unsere Fabrikation und unser Kapital, wie auch unsere persönliche Mitwirkung, wo es nötig, Unternehmungen machen und unsere hiesige Tätigkeit verwerten konnten …" SAA WP Briefe.

Pläne, Konflikte und Anschauungen des Firmengründers und seiner am Unternehmen beteiligten Brüder lassen sich aufgrund der ausgezeichneten Quellenlage recht gut nachzeichnen. Werner von Siemens verfaßte nach seinem Ausstieg aus dem aktiven Geschäft seine „Lebenserinnerungen“, die 1892 noch kurz vor seinem Tod erschienen und heute, mit einer fachkundigen Einleitung versehen, bereits in der 18. Auflage vorliegen.[17] Wenn auch die Rückschau auf ein im ganzen erfolgreiches Leben manchen Konflikt im nachhinein mildert und verklärt, so liefert diese Autobiographie doch wichtige Aufschlüsse über die Motive und Leitideen von Werner von Siemens.

Nach dem frühen Tod von Werners jüngerem Bruder Wilhelm (1823–1883), der fast sein ganzes berufliches Leben in England verbracht hatte, ließ dessen Witwe Anne eine „offizielle“ Biographie verfassen. Dem Autor, William Pole, standen dazu Wilhelms Nachlaß, seine Aufzeichnungen und Briefe sowie mündliche Zeugnisse seiner Ehefrau und seiner Freunde zur Verfügung. Damit wird auch diese zeitnahe Biographie zu einer wichtigen Informationsquelle, obwohl Probleme oder Konflikte zwischen den Brüdern vom Autor wenig berücksichtigt wurden.

Einen umfassenden Eindruck der subjektiven Lageeinschätzung, der Pläne und Gefühle gewinnt man sicherlich aus dem Briefwechsel Werners mit seinen Brüdern. Der meist in Berlin residierende „Senior“ führte mit seinen jüngeren Brüdern und Geschäftspartnern Wilhelm und Carl (1829–1906) über Jahrzehnte hinweg eine überaus lebhafte, mehr als 5000 Briefe umfassende Korrespondenz, die über 40 Jahre in fast ununterbrochener Folge geführt, alles enthält, was die Brüder in wissenschaftlicher, kaufmännischer und persönlicher Hinsicht beschäftigte, und die zum großen Teil im Siemens-Archiv, München, in transkribierter Form zugänglich ist.[18]

---

[17] Seine Zielsetzung bei der Abfassung der Lebenserinnerungen machte Werner von Siemens in einem Schreiben an seine Tochter Anna vom 22. Juli 1892 deutlich: „Es kommt mir weniger auf stilistische Korrektheit in meinen Aufzeichnungen als darauf an, daß sie mich, meine Gefühls- und Denkweise ungeschminkt wiedergeben. Ich muß mich selbst überall wiedererkennen, sonst wird mir das ganze fremd. Übrigens halte ich es für einen deutschen Fehler, daß wir anders schreiben als sprechen. Man soll dem Geschriebenen ebenso die Individualität ansehen wie dem Gesprochenen ...“. SAA WP Briefe der Brüder Siemens.

[18] SAA WP Briefe der Brüder Siemens.

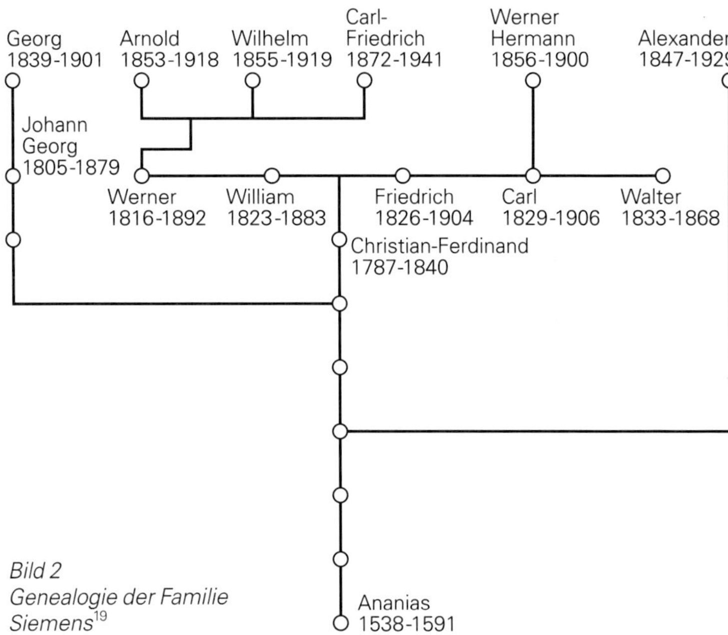

Bild 2
Genealogie der Familie Siemens[19]

Dieses reichhaltige Material bietet eine wertvolle Ergänzung der Geschäftsakten, die sowohl im Hinblick auf die auswärtigen als auch auf die Berliner Unternehmungen bereits in Untersuchungen aufgearbeitet worden sind.[20] Sie lassen ein facettenreiches Bild des Unternehmers Werner von Siemens entstehen, das den vorherrschenden Eindruck vom genialen Techniker und Erfinder ergänzt.

Die folgende Darstellung ist nach einer kurzen Zusammenfassung der wirtschaftlichen Rahmenbedingungen im wesentlichen chronologisch aufgebaut. Nach einer kurzen Skizze der familiären Verhältnisse, der Kindheit und Jugend Werners, soweit sie sich aus

[19] Vgl. v. Weiher, Überseegeschäft, S. 15.

[20] Besonders gut aufgearbeitet sind die innerbetrieblichen Strukturen in den Arbeiten von Kocka und Conrad. Detailllierte Untersuchungen zu den Auslandsunternehmungen vor 1880 sind allerdings rar. Wichtige erste Informationen liefert die Bonner Magisterarbeit von Jost Schmidt, die mir vom Autor freundlicherweise zur Verfügung gestellt wurde. Ansonsten muß man auf die wissenschaftlichen Ansprüchen nicht immer genügende ältere Literatur zurückgreifen.

den spärlichen Zeugnissen rekonstruieren lassen, sowie seiner fünfzehnjährigen Militärzeit folgt die Schilderung seiner unternehmerischen Aktivitäten in zwei großen Abschnitten. Bis zur Mitte der 60er Jahre kann man von einer Aufbauphase des Unternehmens Siemens & Halske sprechen. In dieser Epoche stand neben dem Erfinder der Feinmechaniker im Vordergrund. Die Fabrikation erfolgte vorwiegend in Handarbeit. Arbeitsteilung oder der Einsatz von Maschinen spielten keine große Rolle. Die Einleitung der Trennung vom Sozius Johann Georg Halske (1814–1890), Werners verändertes politisches Engagement – der liberale Oppositionelle wandelte sich binnen weniger Monate im Jahre 1866 zu einem Bismarck-freundlichen Nationalliberalen[21] –, schließlich auch die Erschließung neuer Unternehmensbereiche durch die Starkstromtechnik, die die Schwachstromtechnik aufgrund der damals viel zahlreicheren Anwendungsmöglichkeiten bald überflügelte, ließen einen neuen Abschnitt in der Firmengeschichte beginnen. Die Fabrikationsmethoden änderten sich, der Einsatz von Maschinen und bald auch von Spezialmaschinen nahm zu, kaufmännische Fragen traten neben technische Überlegungen. Die der Elektroindustrie seit ihren Anfängen innewohnende Tendenz zum Großbetrieb, die in der Phase des Telegraphenwesens vor allem auf die schwierige Technik, die geringe Zahl der Kunden und deren Interesse an einer langfristig gesicherten gleichmäßigen Lieferung zurückzuführen war, verstärkte sich noch wegen des hohen Kapitalbedarfs der Starkstromindustrie und der Konjunkturkrise der Jahrhundertwende, von der die zum Teil hochspekulativ arbeitenden Teile der Elektroindustrie besonders betroffen waren. Daher standen sich nach der Einflußnahme der Siemens-Schuckertwerke auf die Bergmann Elektricitäts-Werke im Jahre 1912 mit dem Haus Siemens und der AEG zwei etwa gleich starke Unternehmensgruppen gegenüber, die den deutschen Markt weit-

[21] Vgl. zu dieser Einschätzung v.a. Kocka, Unternehmensverwaltung, S. 53. Siehe auch das Schreiben Werners an seinen Bruder Wilhelm vom 7. Juli 1866: „Gelingt es den Deutschen, sich auf die Höhe der Situation zu erheben und für die Bildung eines einigen starken Deutschland mit Preußen an der Spitze einzutreten, anstatt in erster Linie nach ihren verjagten oder davor zitternden Fürsten zu jammern, so werden unsere Kinder ein wirkliches Vaterland bekommen und Bismarck und die preußische Armee segnen..." Ähnlich in einem Schreiben vom 25. September 1866 an Wilhelm: „Daß Bismarck wirklich jetzt vom heiligen Geist einer großen nationalen Mission ergriffen ist, daß er den Willen hat, kein halbes, sondern ein ganzes Deutschland zu begründen, davon bin ich fest überzeugt. Darum habe ich mich auch von den meisten meiner alten politischen Freunde getrennt und habe für das Vertrauensvotum für seine äußere Politik gewirkt und gestimmt..."

gehend beherrschten, dabei auf manchen Teilgebieten heftig miteinander konkurrierten, auf anderen gemeinschaftlich vorgingen und sogar gemeinsame Tochtergesellschaften gründeten, von denen die Telefunken GmbH die wichtigste war.

Anschließend sollen dann zusammenfassend die wesentlichen Parameter für den Erfolg des Unternehmens und der persönliche Stil seines Gründers erörtert werden. Am Schluß steht ein Ausblick auf die weitere Entwicklung des Hauses Siemens bis zum Ersten Weltkrieg.

Die deutsche Wirtschaft in der zweiten Hälfte des 19. Jahrhunderts

Gründung und frühe Entwicklung der Firma Siemens & Halske, „deren Geschichte gleichzeitig die Geschichte der deutschen Elektrotechnik widerspiegelt“, da „keiner der Konkurrenten nach Größe, Qualifikation, Ansehen, Kontakten, Marktbeherrschung und Macht... an sie heranreichte“[22], fallen in die Phase der Hochindustrialisierung in Deutschland und in die Zeit der Entstehung der Weltwirtschaft. Diese Rahmenbedingungen haben einerseits die Voraussetzungen für das Wachstum des Unternehmens geschaffen, sind andererseits aber in ihrer Gestaltung auch durch die Erfindungen und die wirtschaftliche Betätigung von Siemens & Halske entscheidend beeinflußt worden. Der folgende kurze Abriß über die wesentlichen Strukturen der deutschen Wirtschaft in der zweiten Hälfte des 19. Jahrhunderts soll diese Rahmenbedingungen veranschaulichen.

Die gesamtwirtschaftliche Entwicklung in Deutschland

Nachdem der Beginn des Eisenbahnbaus, die Gründung des Deutschen Zollvereins, die Errichtung gewerblicher Großbetriebe in der Textilindustrie und im Maschinenbau sowie die erheblichen Produktionssteigerungen im Kohlebergbau und in der Eisenverarbeitung in den Jahren 1834–1849 die Voraussetzungen für die ab 1850 in Deutschland beschleunigt einsetzende Industrialisierung geschaffen hatten, ist der Wachstumsprozeß der deutschen Wirtschaft mit Ausnahme der Jahre 1874–1880 von der Mitte des 19. Jahrhunderts bis zum Ausbruch des Ersten Weltkrieges ohne längere Unterbrechung verlaufen.

Gefördert durch die günstigen Folgen eines gegenüber England um mehrere Jahrzehnte, den westeuropäischen Nachbarstaaten um etwa 20–25 Jahre verzögerten Eintritts in die auch als take-off Phase bezeichnete Hochindustrialisierung ist die gesamtwirt-

[22] Vgl. Loewe, Industrie, S. 119 (erstes Zitat); Kocka, Siemens, S. 125.

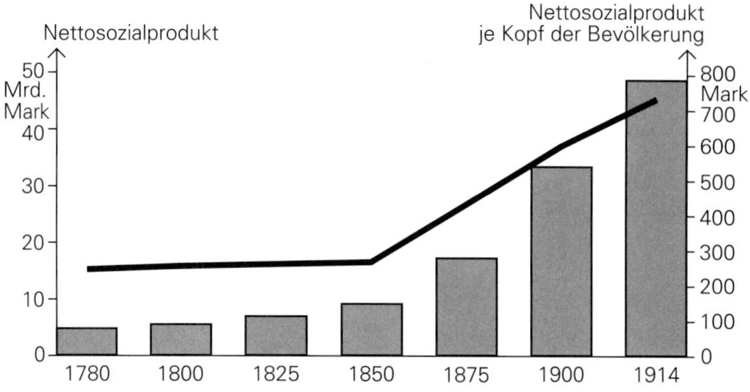

Bild 3
Nettosozialprodukt (Säulen) und Nettosozialprodukt je Kopf der Bevölkerung (Linie) 1780–1914

schaftliche Leistung – das Sozialprodukt – bei tendenziell zunehmenden Wachstumsraten in Deutschland im Zeitraum 1850–1913 real um durchschnittlich 2,6 % im Jahr und damit weit schneller als die der alten Industrienationen Großbritannien und Frankreich gestiegen.

Auch das Sozialprodukt je Kopf der Bevölkerung, das wegen des historisch vorbildlosen Bevölkerungswachstums in Deutschland von etwa 35 Millionen im Jahre 1850 auf etwa 67 Millionen im Jahre 1913 mit durchschnittlich 1,6 % pro Jahr etwas geringer stieg, verdeutlicht die durch den Industrialisierungsprozeß

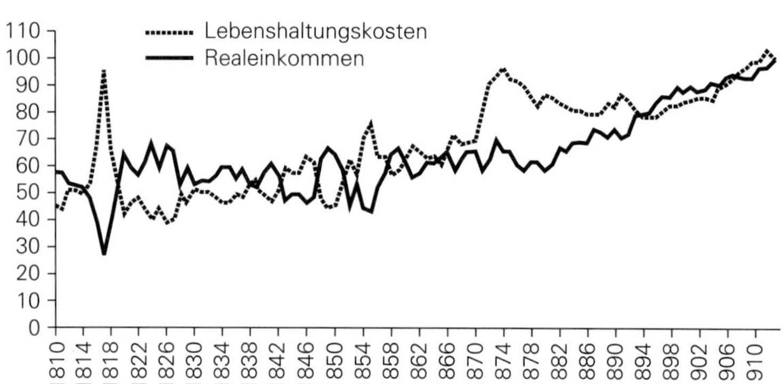

Bild 4 Lebenshaltungskosten und Realeinkommen 1810–1913 (1913 = 100)

bewirkte langfristige Steigerung der Realeinkommen und des Lebensstandards. Eine Vermehrung der für den Verbrauch, für Investitionen und Exporte bereitstehenden Gütermengen hatte es in diesem Ausmaß in Deutschland innerhalb einer solch kurzen Zeitspanne noch nie gegeben.

Bei einer absolut weiter zunehmenden Erzeugung des in der vorindustriellen Wirtschaft vorherrschenden primären Sektors Land- und Forstwirtschaft und einer nicht unerheblichen Produktivitätssteigerung auch in diesem Bereich, die nicht nur die Voraussetzungen für die Ernährung einer steigenden Bevölkerung, sondern auch die für eine Industrialisierung notwendige Freisetzung von Arbeitskräften für die entstehenden Fabriken schuf, war das Wachstum der Produktion von Gewerbe und Industrie besonders hoch, so daß der Beitrag des sekundären Sektors zum Bruttosozialprodukt vor dem Ersten Weltkrieg bereits bei mehr als 45 % lag. Während am Anfang des 19. Jahrhunderts noch mehr als zwei Drittel aller Beschäftigten in Deutschland in der Land- und Forstwirtschaft gearbeitet hatten, war der Anteil um die Mitte des 19. Jahrhunderts bereits auf etwa 55 % und bis 1913 trotz eines bis nach der Jahrhundertwende anhaltenden absoluten Wachstums bereits auf ein Drittel gesunken. Dem rückläufigen Anteil der landwirtschaftlich Beschäftigten entsprach eine absolute und relative Zunahme der gewerblich Beschäftigten, dergegenüber die Steigerung im Dienstleistungssektor, der seit den 1960er Jahren den größten Anteil aller Beschäftigten hat, zunächst noch weit zurückblieb.

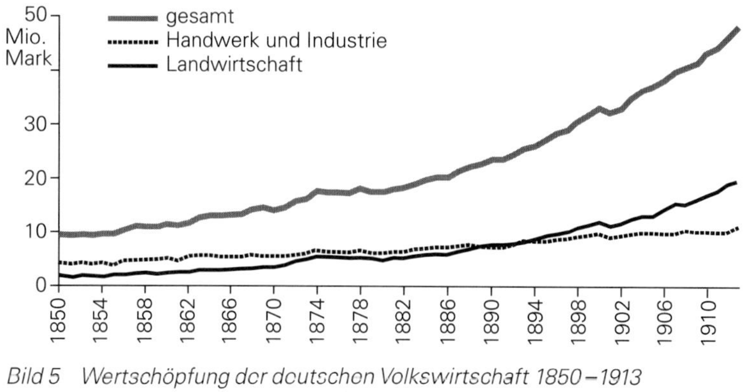

Bild 5 Wertschöpfung der deutschen Volkswirtschaft 1850–1913

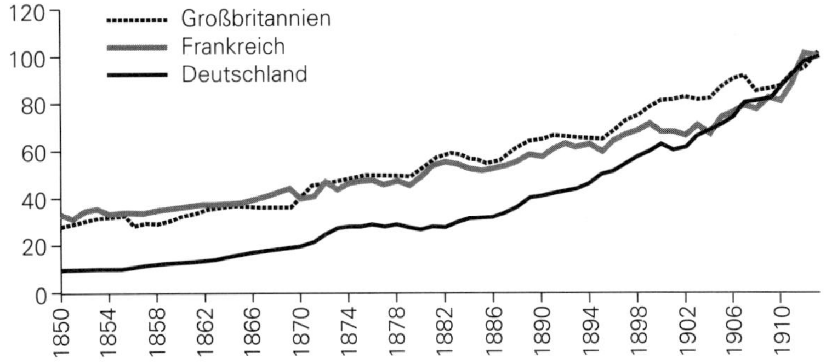

Bild 6 Die Entwicklung der Industrieproduktion (1913 = 100)

Im Mittelpunkt der deutschen Industrialisierung stand die durch das Vorherrschen von Großunternehmen charakterisierte Produktions- und Investitionsgüterindustrie, deren Aufschwung durch die Entwicklung neuer Finanzierungstechniken gefördert und beschleunigt wurde, während die deutsche Konsumgüterindustrie über nicht so günstige Produktions- und Absatzbedingungen wie die englische Konkurrenz verfügte, die um die Mitte des 19. Jahrhunderts den Weltmarkt mit qualitativ guten billigen Produkten beherrschte.

Die Rolle der Elektroindustrie in der deutschen Industrialisierung

Zu der Aufwärtsentwicklung von Gewerbe und Industrie hat die deutsche Elektroindustrie aus kleinen Anfängen heraus im Laufe der Zeit immer stärker beigetragen, wenn diese Entwicklung in ihren Anfängen auch nur unzureichend zu quantifizieren ist. Amtliche Statistiken, aus denen der Wachstumsverlauf der Elektroindustrie im Rahmen der gesamten industriellen Entwicklung deutlich würden, liegen erst seit Ende des Jahrhunderts und nur für die Zahl der Beschäftigten vor, die allerdings zum Teil eher dem Elektrohandwerk zuzurechnen sind.[23]

[23] Gerade in der ersten Entwicklungsphase des Telegraphenbaus handelte es sich häufig um Unternehmen, die sich neben ihrem angestammten Arbeitsgebiet auf die Bedürfnisse der staatlichen oder privaten Telegraphie einstellten. Diese in erster Linie handwerklich orientierten Telegraphenbaufirmen wurden zunächst bei der Erfassung der „gewerblichen Zustände" in die Halbgruppe ‚mechanische Künstler und Handwerker' der Untergruppe ‚Mechanici für mathematische, optische, physikalische und chirurgische Instrumente' eingeordnet. Vgl. Wessel, Entwicklung, S. 141 f.

Amtliche Nettoproduktionswerte wurden für die deutsche Industrie erst für das Jahr 1936 ermittelt. Die für die Jahre 1890, 1895, 1898 und 1913 vorliegenden Angaben über die Produktion der deutschen Elektroindustrie beruhen daher auf Schätzungen und Erhebungen von Verbandsseite.

Entwicklung der Beschäftigung in der Elektroindustrie

Jahr	Beschäftigte	Anteil an der Gesamtzahl der in Handwerk und Industrie Beschäftigten
1875	1 157	
1882	1 815	
1895	24 343	0,4 %
1907	118 963	1,3 %

Die 1873 einsetzende „Gründerkrise“ hat die noch junge Elektroindustrie kaum betroffen. Das Telegraphengeschäft entwickelte sich weiterhin günstig, besonders nachdem 1875 die oberste Postbehörde und das Telegraphenamt durch den neuen Generalpostmeister Heinrich Stephan (1831–1897) zusammengelegt worden waren. Für 1890 wurde das Produktionsvolumen der deutschen Elektroindustrie mit 45 Mio. Mark veranschlagt.[24] Die immer stärker hervortretenden technischen Möglichkeiten des Drehstromsystems führten dann innerhalb weniger Jahre zu einem regelrechten Entwicklungssprung. 1895 wurden 155 Mio. Mark umgesetzt, und im Jahre 1898 lag der Produktionswert bereits bei 228,7 Mio.

[24] Für das Jahr 1890 besitzen wir eine detaillierte Aufstellung des Zentralverbandes der Elektrotechnischen Industrie über die Produktion (Angaben in Mio. M):

Elektromotoren und Generatoren	5,5
Transformatoren	0,5
Akkumulatoren und Batterien	4,5
Schaltgeräte und Einrichtungen	0,3
Installationsgeräte	0,3
Kabel und isolierte Leitungen	8,0
Elektrowerkzeuge	0,1
Haushaltsgeräte	0,2
Leuchten	0,2
Lampen	0,3
Drahtnachrichtengeräte und Einrichtungen	3,6
Zeitdienst-, Signal- und Sicherungsgeräte	0,2
Aktive und passive Bauelemente	0,2
Meß-, Prüf- und Regelungsgeräte	0,3
Elektromedizinische Geräte und Einrichtungen	0,3
Elektrokohle	1,5
Reparaturen	3,9

Vgl. Dynamik und Dimensionen der deutschen Elektroindustrie. Sonderdruck aus Elektrotechnik, Frankfurt/M o.J.

Mark. Die Aufteilung von 211,1 Mio. Mark Umsatz mit starkstromtechnischen Produkten und 17,6 Mio. Mark mit schwachstromtechnischen Produkten macht deutlich, wie sehr die Energietechnik Charakter und Bedeutung der Industrie verändert hatte. 1913 wurde der Wert der elektrotechnischen Produktion Deutschlands auf 1.300 Mio. Mark geschätzt, ein Wert, der etwa ein Drittel der Weltelektroproduktion ausmachte. Der Anteil Deutschlands am Weltelektrohandel betrug fast 47 %. Indirekt kam der Aufschwung der Elektroindustrie auch in der Entwicklung des Stromverbrauchs zum Ausdruck, der vor 1914 vor allem durch die Elektrifizierung der Stadtbahnen mit der verstärkten Nutzung von Kraftstrom und durch den Übergang zum gemischten System der Stromversorgung beeinflußt wurde.[25]

Die Veränderungen im Verkehrs- und Nachrichtenwesen, die die Bezeichnung des 19. Jahrhunderts als „Jahrhundert der Kommunikationsrevolution“ gerechtfertigt erscheinen lassen[26], sind zu den Voraussetzungen und Folgen des bis dahin nie erreichten Wachstums der deutschen Volkswirtschaft wie auch der Weltwirtschaft zu zählen. Bis 1867 in den größeren deutschen Staaten durch eigene Postverwaltungen organisiert, in der Folgezeit in einem gesamtstaatlich geführten Postunternehmen mit einem Monopol des telegraphischen, telefonischen und Briefverkehrs zusammengefaßt, stiegen die Verkehrsdienstleistungen der deutschen Post- und Telegraphenanstalten im Zeitraum 1850 bis 1913 um das Fünfzigfache und machten vor dem Ersten Weltkrieg bereits knapp ein Fünftel der Wertschöpfung aller Verkehrsdienstleistungen aus.[27] Entscheidenden Anteil hatte neben der Ausbreitung des elektrischen Telegraphen der Ausbau des Telefonnetzes nach 1880.[28]

---

[25] Vgl. Peschke, Elektroindustrie, S. 100.

[26] Vgl. Borchardt, Revolution, S. 187.

[27] 1850 wurden in Deutschland 85,9 Mio. Briefe, Karten etc. und 40 000 Telegramme befördert. Bis 1873 war die Beförderungsleistung bereits auf 563 Mio. Briefe und 10,8 Mio. Telegramme angestiegen. Vgl. Kocka, Unternehmensverwaltung, S. 45.

[28] Johann Philipp Reis (1834–1874) hatte das erste funktionsfähige elektrische Telefon konstruiert, das er am 26. Oktober 1861 vor dem Physikalischen Verein zu Frankfurt am Main als „hölzernes Ohr“ vorführte. Die von Reis vorgeführte Einrichtung, damals nur als ein interessantes Lehrgerät gewertet, geriet jedoch bald wieder in Vergessenheit. Etwa 15 Jahre später meldeten Graham Bell und Elisha Gray in den USA ein Patent über einen elektromagnetischen Fernhörer an. Einen wesentlichen Beitrag zur Verbesserung des Fernsprechers lieferten Edison, Berliner und Hughes in Amerika sowie Blake in England mit der Erfindung des Kohlemikrofons. Am 28. Januar 1878 wurde das erste öffentliche Fernsprechamt in New Haven, Connecticut eröffnet. In Deutschland wurde das erste öffentliche Fernsprechamt am 12. Januar 1881 in Berlin eröffnet. Zur Entwicklung des Telefonsektors vgl. auch Tabellen im Anhang.

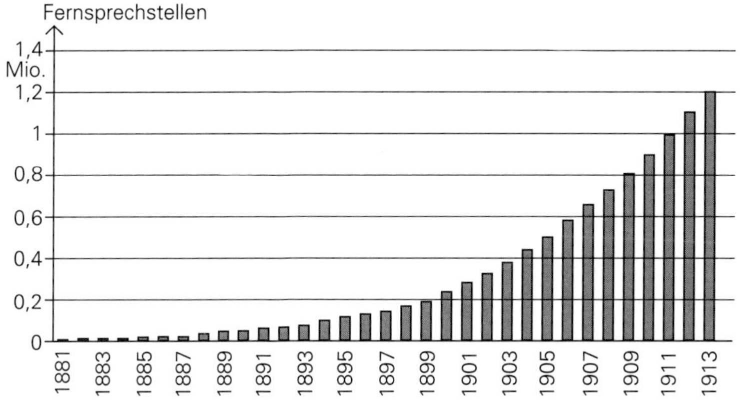

Bild 7 Zahl der Fernsprechstellen in Deutschland 1881–1913

Begünstigt durch sinkende Preise aufgrund zunehmender Nachfrage nach den angebotenen Dienstleistungen[29] trugen die neuen Kommunikationsmöglichkeiten entscheidend zum Abbau der beachtlichen interregionalen Preisdifferenzen für Sachgüter und besonders für Dienstleistungen innerhalb Deutschlands, wie anhand der Annäherung der Zinssätze in den verschiedenen Regionen Deutschlands nachweisbar ist, bei; noch weit stärker jedoch zur Entwicklung des internationalen Sachgüter- und Dienstleistungsverkehrs, da die Geschwindigkeit des Nachrichtenverkehrs der im Güterverkehr weit vorauseilte. Das Nachrichtenwesen schuf damit eine weitere Voraussetzung dafür, daß die schwere Wirtschaftskrise der 1840er Jahre die letzte, durch Entwicklungen in der Landwirtschaft verursachte, durch einen interregionalen oder internationalen Warenaustausch noch nicht zu verhindernde Konjunkturkrise ‚alten Typs' in Deutschland war.[30]

[29] Die Fernsprechgebühren fielen 1885–1900 von 1 Mark auf 20 Pfg. je Gesprächseinheit, die Pauschalgebühren für Hauptanschlüsse sanken bei Netzen, die bis 50 Hauptanschlüsse hatten, von 200 Mark im Jahr auf 80 Mark. Vgl. Tilly, Verkehrswesen, S. 579.

[30] Das Auftreten der Kartoffelkrankheit 1845/46 und Mißernten beim Getreide 1846 und 1847 hatten zu einer Hungerkrise in fast ganz Deutschland geführt. Die übermäßige Kaufkraftbeanspruchung der Bevölkerung führte zu einem Nachfrageausfall in der Konsumgüterindustrie, von dem besonders das Handwerk betroffen wurde. Doch auch in der Investitionsgüterindustrie, die sich seit Beginn der 1840er Jahre in einem beeindrukkenden Aufschwung befand, waren auf dem Höhepunkt der Krise merkliche Einbrüche zu verzeichnen. Die bis 1844 von Preußen mit Nachdruck betriebene Politik der Gewerbeförderung wurde von restriktiven Maßnahmen abgelöst. Vgl. Borchardt, Revolution, S. 153, 159–160.

Bild 8 Die Kabelverbindungen der Erde im Jahre 1881

ARCTIQUE
SPITZBERG
Iles Liakhov
MER DE KARA
SIBERIE
EMPIRE RUSSE
EUROPE
ASIE
MER D'OKHOTSK
MER DE BEHRING
Mongolie
EMPIRE CHINOIS
Turkestan oriental
Tibet
PERSE
AFGHANISTAN
NEPAUL
HINDOUSTAN
MER JAUNE
MER DU JAPON
ARABIE
G. d'Oman
G. de Bengale
MER DE CHINE
Philippines
OCÉAN PACIFIQUE
Cancer
MER DES INDES
MADAGASCAR
Capricorne
AUSTRALIE
Tasmanie
GLACIAL ANTARCTIQUE
Antartique

Die Rolle Deutschlands im Welthandel

Die von England ausgehende, auf Adam Smith zurückgehende Freihandelsbewegung, die grundlegenden Veränderungen des Transport- und Kommunikationswesens, die technischen Innovationen und die zunehmende Liberalisierung des internationalen Kapitalverkehrs schufen die Grundlagen und Voraussetzungen für das die Zunahme der Produktion übertreffende Wachstum des Welthandels, das durch die für europäische Verhältnisse lange Friedenszeit noch gefördert wurde. Durch die zwischenstaatliche Arbeitsteilung, die in der raschen Steigerung des Welthandelsvolumens deutlich wurde, entstand ein Geflecht des internationalen Warenhandels, das letztlich zur Bildung von Weltmarktpreisen führte.

Bei rückläufigen Transportzeiten wurden die Transportkosten gesenkt und die Auftragsübermittlung und –bearbeitung wie auch die Marktbeobachtung und -information durch Telefon und Telegraphie erleichtert. Da für den Kontakt zwischen Hersteller und Kunde nun nicht mehr zwingend der Zwischenhändler mit seinem Kommunikationssystem notwendig war, öffneten sich der Exportindustrie aufgrund dieser Entwicklung Märkte in Übersee,

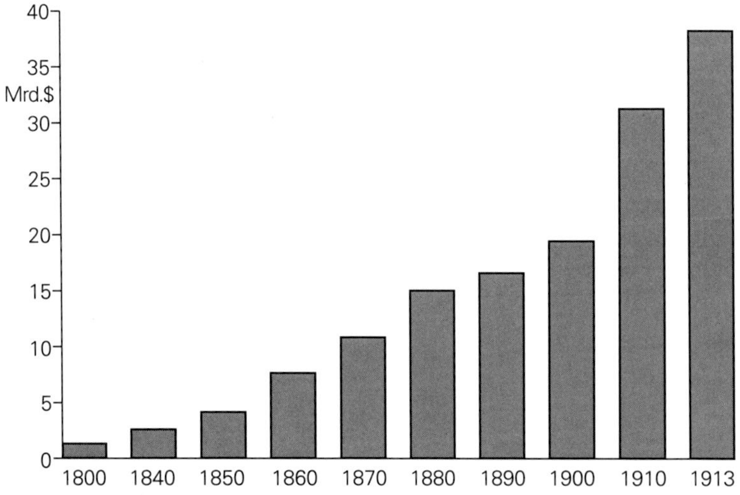

Bild 9 Wert des Welthandels (Importe und Exporte) [31]

[31]Quelle: Pohl, Aufbruch, S. 186.

die bis dahin nur eingeführten Handelsunternehmen offengestanden hatten.

Die besondere Bedeutung des Außenhandels für die deutsche Wirtschaft wird durch die Tatsache unterstrichen, daß Deutschland schon um die Mitte des 19. Jahrhunderts zu den drei führenden Exportländern der Welt gehörte. Der größte Teil der Exporte entfiel damals jedoch noch auf Rohstoffe und Nahrungsmittel. Nach 1850 wurde die deutsche Wirtschaft dann aufgrund der zunehmenden weltwirtschaftlichen Verflechtung und der eigenen Entwicklung von einem Agrar- zu einem Industriestaat immer stärker in den Welthandel einbezogen, dessen Intensivierung als einer der Motoren wirtschaftlichen Wachstums angesehen werden muß. Der deutsche Außenhandel nahm zwischen 1850 und 1913 um durchschnittlich 4 % pro Jahr und damit noch stärker als die gesamtwirtschaftliche Leistung zu, so daß Deutschland im Jahre 1913 einen Anteil von 13 % am Welthandelsumsatz und die Exportquote im Deutschen Reich 17,5 % der gesamtwirtschaftlichen Leistung erreichte. Die günstige Entwicklung des Außenhandels verlief bis zum Ersten Weltkrieg relativ stetig, wenn man einmal von Schwankungen in den 1870er und 1880er Jahren absieht, die auf die wirtschaftliche Schwächephase und den nach der Epoche des Freihandels zurückkehrenden handelspolitischen Protektionismus zurückzuführen sind, zu dem Deutschland mit seiner Schutzzollgesetzgebung 1879 noch beitrug.[32]

Trotz der langfristig erheblich steigenden, auch durch die Bevölkerungszunahme weiter begünstigten Binnenmarktnachfrage war die deutsche Industrie seit den 1870er Jahren zunehmend auf den Weltmarkt angewiesen, auf dem die von den deutschen Unternehmen erzielten Erlöse meist niedriger als auf dem durch Schutzzölle, gelegentlich auch noch durch Kartelle oder Absprachen geschützten Binnenmarkt lagen.[33]

[32] Als Ergebnis der sogenannten ‚Gründerkrise‘, eine auf die überhitzte Konjunktur der Gründerjahre 1871/72 folgende Phase stagnierender und sogar rückläufiger gesamtwirtschaftlicher Entwicklung, von der Teile der Schwerindustrie, der süddeutschen Baumwollindustrie und die ostelbische Landwirtschaft wegen zunehmender ausländischer Importe besonders betroffen waren, verabschiedete der Reichstag 1879 einen Zolltarif, der das Ende der deutschen Freihandelspolitik bedeutete und den Anfang einer bis zum Ersten Weltkrieg zunehmend verschärften Zollpolitik gegenüber dem Ausland bildete. Andere Länder führten zeitgleich oder wenig später ähnliche Schutzzolltarife ein.

[33] Vgl. Wagenführ, Bedeutung, S. 36 f.

Um die Mitte des 19. Jahrhunderts erfolgte der deutsche Export in fast allen Warengattungen mit Hilfe selbständiger Ausfuhrorgane, sofern nicht Geschäfte bei Messen und Ausstellungen abgeschlossen wurden.[34] Träger dieses sogenannten indirekten Exports waren in erster Linie Ausfuhrhandelsunternehmen, deren eigentlicher Geschäftszweck der ständige und planmäßige Austausch von Gütern mit dem Ausland war. Die in den Handelszentren angesiedelten Häuser waren auf Import und Export ausgerichtete Handelsunternehmen, die sich aufgrund der kapitalintensiven Marktbearbeitung jeweils auf einzelne Länder konzentrierten, deren Bedarf sie vollständig zu erfüllen versuchten. Wegen seiner geographischen Spezialisierung lag das Augenmerk des Händlers weniger auf der Ware als vielmehr auf dem Abnehmerkreis. Insofern fungierte er vor allem bei den überseeischen Ländern eher als Einkaufsorgan seiner Kundschaft und weniger als Verkaufsorgan der deutschen Industrie. Dies äußerte sich auch darin, daß der Exporthandel nur eine geringe Erzeugnis- und Herstellertreue hatte. Oft verkauften die Handelshäuser ihre Waren im Export unter eigenen Firmenbezeichnungen, so daß der Hersteller unbekannt und in völliger Abhängigkeit vom Händler blieb. Das ursprünglich vorwiegend aus Konsumgütern bestehende breite Sortiment, die damit verbundene Konzentration auf die Warenfunktionen sowie die Wahrnehmung der Markterschließungsfunktion ließen bei den Handelsunternehmen die Vordispositions-, Lager- oder Interessenwahrnehmungs- und Beratungsfunktionen zurücktreten, die jedoch im Laufe der Industrialisierung für die Ausfuhr immer wichtiger wurden. Je größer der Investitionsgüteranteil an der Ausfuhr wurde, umso ungeeigneter erwies sich der Ausfuhrhandel für den Export.

Die Geschäftspolitik, im Ausland durch Beteiligungen oder eigene Produktionsstätten vertreten zu sein, entwickelte sich allgemein aus der Erkenntnis, daß seit den 1880er Jahren ein Trend zur nationalen Industrie und zur Gewährung von Schutzrechten bestand. Für den Export bedeutete diese Handelspolitik erhebliche Behinderungen durch Einfuhrbeschränkungen und Zollschwierigkeiten. Eigene ausländische Fabriken und Niederlassungen schienen daher die besten Voraussetzungen zu bieten, den eigenen Produkten im Ausland den entsprechenden Absatz zu sichern. Die verschiedensten Zollerhöhungen stellten daher die deutschen

[34] Vgl. Feldenkirchen, Export, S. 307.

Industrieunternehmen immer wieder vor die Frage, ob es unter den vorherrschenden Bedingungen möglich sei, von Deutschland aus in das entsprechende Land zu exportieren oder ob eine mögliche Verlagerung der Produktion in das Absatzgebiet sinnvoller sei. Unternehmen einer Branche haben dabei durchaus unterschiedlich entschieden.

Die Auswahl und Entsendung von Kräften aus dem Stammhaus bildete oftmals den Auftakt von Direktinvestitionen, die damals nicht als durchweg positiv im Sinne einer starken nationalen Volkswirtschaft angesehen wurden. Deutsche Unternehmen ließen sich von einer Vielzahl von Überlegungen leiten, wenn sie sich entschlossen, Tochterunternehmen im Ausland zu gründen. Im Vordergrund bei allen Direktinvestitionen stand dabei eindeutig die zunehmend protektionistische Handelspolitik, wenn die Branche nicht durch monopolartige Strukturen in der Lage war, trotz hoher Einfuhrzölle die Märkte zu behaupten.[35] Aber auch die Größe des Marktes, die erwartete Absatzentwicklung und die Höhe der mit einer Direktinvestition verbundenen Kosten hatten Einfluß auf diese Entscheidung. Die Direktinvestitionen trugen mit dazu bei, daß Deutschland gegen Ende des 19. Jahrhunderts wahrscheinlich zu einer der größeren Gläubigernationen geworden ist, wenn auch in der Folgezeit der Anteil der ausgeführten Kapitalsummen an der volkswirtschaftlichen Ersparnis in Deutschland wesentlich geringer als in Frankreich oder vor allem in Großbritannien blieb. Für 1913 wird der Umfang der deutschen Direktinvestitionen auf etwa 10 Mrd. Mark und der Besitz an ausländischen Wertpapieren auf etwa 20 Mrd. Mark geschätzt.[36] Zu den Firmen, die von ihren Anfängen an planmäßig nicht nur den Absatz der eigenen Produkte außerhalb der Grenzen Deutschlands suchten, sondern auch die Produktion aufnahmen, gehörte das Unternehmen Siemens & Halske.

[35] Dies galt etwa für die deutsche Kaliindustrie vor 1914 und die Farbstoffindustrie.

[36] Vgl. Borchardt, Wachstum, S. 235.

Der junge Werner von Siemens

Familienverhältnisse, Kindheit und Jugend

Werner von Siemens wurde am 13. Dezember 1816 als zweites Kind und ältester Sohn des Gutspächters Christian Ferdinand Siemens und dessen Ehefrau Eleonore, geb. Deichmann, in Lenthe bei Hannover geboren. Aus der Ehe gingen insgesamt 14 Kinder hervor, von denen 10 das Erwachsenenalter erreichten, zwei Mädchen und acht Jungen. Bis auf die beiden unmittelbar nach Werner von Siemens geborenen Kinder Hans (* 1818) und Ferdinand (* 1821) arbeiteten alle Brüder später mit Werner mehr oder weniger eng zusammen.

Die soziale Einordnung der Familie fällt schwer. Die ursprünglich aus dem Harz in der Nähe von Goslar stammende Familie Siemens läßt sich bis in die Zeit vor dem Dreißigjährigen Krieg zurückverfolgen. Eine sorgfältig geführte Familienchronik beweist bürgerliches Selbstbewußtsein. Zahlreiche Vorfahren waren in städtischen Ämtern, zum Beispiel als Ratsherren, tätig und hatten zu einem großen Teil eine akademische Bildung genossen. So finden sich unter den Ahnen Mediziner, Juristen und Metallurgen; herausragende technische Begabungen sind allerdings nicht festzustellen. Werners Vater hatte an der Universität Göttingen einige Semester Landwirtschaft studiert. Werner selbst beschreibt ihn als einen hochgebildeten, klugen und vielfältig interessierten Mann, dessen Unterricht in Weltgeschichte und Völkerkunde den Zehnjährigen nachhaltig beeindruckte.[37]

Die Mutter, Eleonore Deichmann, war die Tochter des Amtsrates von Poggenhagen bei Hannover. Nach der Herkunft der Eltern und dem dort herrschenden liberal-protestantischen Geist zu urteilen, müßte man Werners Elternhaus somit dem gehobenen Bildungsbürgertum zuordnen. Damit nicht in Einklang stehen jedoch die schlechten wirtschaftlichen Verhältnisse der Familie. Auch als der Vater in Werners achtem Lebensjahr nach Auseinandersetzungen mit der adeligen Obrigkeit der „Königlich Groß-

[37] Vgl. Werner von Siemens, Lebenserinnerungen, S. 13 und 16.

britannischen Provinz Hannover“ Lenthe verließ und die Domäne Menzendorf im Fürstentum Ratzeburg (Mecklenburg) pachtete, verbesserte sich die ökonomische Situation nicht. Die auf überdurchschnittliche Ernten zurückzuführende Agrarkrise der Jahre 1818–1825, die den Absatz landwirtschaftlicher Produkte nur zu Niedrigstpreisen möglich machte, welche in keinem Einklang mit Steuern, Pachtzinsen, Lebenshaltung und Betriebsintensität standen, traf die Eltern Siemens in voller Härte.[38] Die große Kinderzahl verschärfte die ständigen Existenzsorgen, die auch nicht weniger wurden, als sich die wirtschaftliche Lage in der Landwirtschaft am Ende der 1820er Jahre erheblich und über mehrere Jahrzehnte ohne größere Unterbrechung nachhaltig besserte.

Die den bürgerlichen Ambitionen wenig angemessenen finanziellen Verhältnisse der Familie erschwerten eine formale Schulbildung der Kinder. Gemeinsam mit seiner älteren Schwester Mathilde (* 1814) wurde Werner zunächst von seiner Großmutter unterrichtet, die den Kindern Lesen und Schreiben beibrachte und sie Gedichte auswendig lernen ließ. Für ein halbes Jahr übernahm der Vater den Unterricht selbst, schickte den Elfjährigen dann aber zur „Bürgerschule“ des nahegelegenen Städtchens Schönberg. Da Werner auf dieser Schule nicht besonders erfolgreich war, engagierte der Vater ab Ostern 1829 schließlich verschiedene Hauslehrer. Erst ab der Obertertia besuchte Werner in Lübeck ein Gymnasium, die Katharinenschule. Mit den weitgehend humanistisch-altsprachlichen Lehrinhalten zeigte er sich noch im nachhinein wenig zufrieden, weil er dort seine wahren Stärken und Neigungen – Mathematik und die Naturwissenschaften – wenig gefördert sah. Einige Defizite versuchte er durch Privatstunden in Mathematik etwas auszugleichen. Bereits Ostern 1834 verließ er das Gymnasium, 17jährig und ohne formalen Abschluß; eine Ausgangssituation, die Werner von Siemens in der Einleitung zu seinen Lebenserinnerungen dahingehend beschrieb, daß „es für junge Leute lehrreich und anspornend sein wird, daraus zu ersehen, dass ein junger Mann auch ohne ererbte Mittel und einflussreiche Gönner, ja sogar ohne richtige Vorbildung, allein durch seine Arbeit sich emporschwingen und Nützliches leisten kann.“[39]

---

[38] Da Deutschland bis in die 1870er Jahre Getreideausfuhrland war, konnten die Preise nicht wie in England und Frankreich durch Einfuhrzölle geschützt werden.

[39] Vgl. Werner von Siemens, Lebenserinnerungen, S. 9.

Wenngleich seine Eltern ihm wenig Möglichkeiten zu einer qualifizierten schulischen und universitären Ausbildung nach seinen Fähigkeiten und Interessen bieten konnten, empfand Werner seine Kindheit und frühe Jugend rückblickend doch als glücklich. Das große Maß an Freiheit beim abgeschiedenen Leben auf dem Lande, gekoppelt mit der frühen Verantwortung für die jüngeren Geschwister und der enge Familienzusammenhalt trugen dazu bei. Gleichzeitig war die frühe Erfahrung ernster wirtschaftlicher Sorgen, die der Familie im Grunde nur eine unterbürgerliche Existenz gestattete, auch ein Antrieb für Werner, zu möglichst sicherem Wohlstand zu gelangen. So gestand er seinem Bruder Carl als 71jähriger in einem Brief:

„... Gewiß habe ich auch nach Gewinn und Reichtum gestrebt, doch wesentlich nicht, um sie zu genießen, als um die Mittel zur Ausführung anderer Pläne und Unternehmungen zu gewinnen und um durch den Erfolg die Anerkennung für die Richtigkeit meiner Handlungen und die Nützlichkeit meiner Arbeit zu erhalten. So habe ich für die Gründung eines Weltgeschäftes à la Fugger von Jugend an geschwärmt, welches nicht nur mir, sondern auch meinen Nachkommen Macht und Ansehen in der Welt gäbe und die Mittel, auch meine Geschwister und nähere Angehörige in höhere Lebensregionen zu erheben."[40]

Von seiner Herkunft her ist Werner von Siemens somit nicht typisch für die Unternehmerschaft seiner Zeit. Die weitaus meisten Gründer hatten einen kaufmännischen Hintergrund oder stammten aus Familien mit handwerklich-gewerblicher Tradition. Es gab allerdings nahezu keinen Berufsstand, aus dem nicht wenigstens einige Unternehmer hervorgingen.[41] Wenngleich Werner von Siemens wenig konkrete Erfahrungen in der Leitung von Unternehmen sammeln konnte und kein Kapital im Hintergrund hatte, ist für seine spätere Karriere seine überdurchschnittlich gute Ausbildung sicherlich von Bedeutung gewesen. Der zumindest zeitweilige Besuch eines Gymnasiums, der von Werner wegen der humanistischen Schwerpunkte nicht begrüßt wurde, war für die Unternehmer seiner Zeit durchaus untypisch.

In seiner Herkunft und seiner Ausbildung läßt sich auch die Wurzel für Werners oftmals geäußertes Selbstverständnis als Wissenschaftler und seine spürbare bildungsbürgerliche Verachtung für

[40] Werner an Carl, Charlottenburg, 25. Dezember 1887; SAA WP Briefe.

[41] Vgl. Kocka, Unternehmer, S. 52, vgl. auch S. 30–34.

Kaufleute und reine ‚Geldleute' finden, die vor allem in den Briefen an seinen Bruder Carl deutlich hervortritt. Diese Haltung war in der Familie Siemens mit ihrer nicht-gewerblichen Tradition weitverbreitet, entsprach jedoch der allgemeinen Haltung des Bildungsbürgertums. Akademiker und Beamte sahen auf Techniker und Kaufleute vielfach herab und ermunterten ihre Kinder auch nicht zu solchen Karrieren.[42] Werner selbst konnte sich erst mit wachsendem sozialen Ansehen des Unternehmerberufs von einer solchen negativen Einschätzung lösen.

Ausbildung und Militärzeit

Die angespannte Finanzlage der Eltern machte ein Studium an der Berliner Bauakademie, das Werner von Siemens erwogen hatte, unmöglich. Werner beschloß daher, sich über den Eintritt in die preußische Armee Zugang zu einer ingenieurwissenschaftlichen Ausbildung zu verschaffen. Im Frühjahr 1834 verließ er mit Billigung seines Vaters das Elternhaus, um nach Berlin zu wandern und sich dort um Aufnahme in das preußische Ingenieurkorps zu bemühen.

Werner bewies schon bei seiner Ankunft in Berlin ein hohes Maß an Selbständigkeit und an Zähigkeit in der Verfolgung seiner Ziele. Zwar machte man ihm in Berlin wenig Hoffnung, in das preußische Ingenieurkorps aufgenommen zu werden, schickte ihn aber mit Empfehlungsschreiben nach Magdeburg, um sich dort um Eintritt in die Artillerie-Brigade zu bewerben. Obwohl seine altsprachliche Schulbildung ihn nicht gerade für eine Laufbahn empfahl, die für die Eingangsprüfung gute Kenntnisse unter anderem in Mathematik, Physik, Geographie und Französisch voraussetzte, gelang es ihm mit Glück und einer intensiven dreimonatigen Vorbereitung, den Anforderungen mehr als gerecht zu werden. Nachdem im Dezember 1834 auch noch die letzten formalen Hindernisse, die unter anderem darin bestanden, daß Werner kein preußischer Untertan war, aus dem Wege geräumt worden waren, wurde er als Offiziersanwärter bei der Artillerie aufgenommen und im Herbst 1835, ganz gemäß seinen eigenen Wünschen, zur Artillerie- und Ingenieurschule nach Berlin abkommandiert. Dort

[42] Dazu zum Beispiel die Äußerungen über den Chef der Deutschen Bank, Georg von Siemens, die von seinem Vater noch 1870 getätigt wurden „Mein Sohn, der Kommis"; Helfferich, Georg von Siemens, Bd. 3, S. 153, 159.

erhielt er endlich die ersehnte fundierte Ausbildung. Das dreijährige Kommando 1835–1838 an die Artillerie- und Ingenieurschule, an der der Mathematiker Ohm, der Physiker Magnus und der Chemiker Erdmann unterrichteten, und besonders der qualifizierte Unterricht in den Basisfächern Mathematik, Physik und Chemie waren nach seiner eigenen Aussage die Grundlage für seine späteren Erfolge. Die Ausbildung an der Militärakademie, die wohl eine Mittelstellung zwischen Gewerbeschulen und wissenschaftlichen Hochschulen einnahm, sicherte ihm in Wissenschaft und Theorie einen beträchtlichen Vorsprung vor dem Gros der lediglich empirisch-praktisch ausgebildeten Techniker. Nach Abschluß der dreijährigen Studienzeit wurde Werner zum Leutnant ernannt und konnte nach mehr als vierjähriger Abwesenheit von Menzendorf seinen ersten Heimaturlaub antreten.

Zu Hause mußte Werner feststellen, daß sich die wirtschaftlichen Verhältnisse seiner Eltern nicht gebessert hatten und zudem ihr Gesundheitszustand gelitten hatte. Seine Brüder Hans und Ferdinand hatten sich inzwischen trotz schlechter Verdienstchancen für eine landwirtschaftliche Tätigkeit entschieden und arbeiteten

Bild 10
Werner von Siemens, 1845

mit dem Vater zusammen. Der 15jährige Wilhelm besuchte die Schule und sollte sich nach dem Willen der Eltern auf den Kaufmannsberuf vorbereiten. Werner, der aufgrund seiner Einstellung für diesen Plan kein Verständnis aufbringen konnte, beschloß, sich um den Bruder zu kümmern und nahm ihn zum Ende seines Urlaubs mit nach Magdeburg, wo der Junge die Handels- und Gewerbeschule besuchen sollte.

Als nach einem weiteren Jahr 1839 die Kasernenwohnpflicht in Magdeburg für Werner endete, nahm er gemeinsam mit seinem Studienfreund William Meyer und seinem Bruder Wilhelm ein Stadtquartier. Das ermöglichte ihm, sich noch intensiver um Wilhelms Ausbildung zu kümmern. Er riet ihm, in der Schule den Mathematikunterricht zugunsten von Englisch fallenzulassen und unterrichtete ihn fortan selbst in Mathematik.

Die Bindung der Brüder aneinander und auch an die jüngeren Geschwister wurde noch verstärkt durch den rasch aufeinanderfolgenden Tod der Eltern. Die Mutter starb am 8. Juli 1839 und der Vater im Jahr darauf am 16. Januar 1840. Für die sechs noch

Bild 11
Wilhelm Siemens, etwa 1850

auf Wilhelm folgenden, unmündigen und nicht ausgebildeten Geschwister fühlte sich Werner verantwortlich und versuchte in den kommenden Jahren stets, sowohl finanziell als auch mit persönlichem Einsatz für ihre Erziehung und Ausbildung aufzukommen.

Seine Dienstpflichten ließen Werner noch Zeit und Gelegenheit zu eigenen naturwissenschaftlichen Arbeiten. Besonders eine kurze Festungshaft, zu der er als Sekundant bei einem Duell verurteilt wurde, konnte er sinnvoll zu erfolgreichen Versuchen mit galvanischer Versilberung und Vergoldung nutzen. Sein Bruder Wilhelm, der Ostern 1841 die Schule in Magdeburg verlassen hatte, nahm zunächst an der Universität Göttingen, an der der Ehemann der ältesten Schwester Mathilde, Himly, eine Professur für Chemie hatte, ein naturwissenschaftliches Studium auf. Finanzielle Gründe zwangen ihn aber schon nach kurzer Zeit, das Studium aufzugeben und eine praktische Ingenieursausbildung in Magdeburg zu beginnen. Schon nach wenigen Monaten dieser Ausbildung überdrüssig, beschloß er Ende 1842, auf Reisen zu gehen und unterwegs zu versuchen, Werners Erfindungen zu vermarkten.

Wilhelms erster Englandaufenthalt im Frühjahr und Sommer 1843 wurde für beide Brüder zu einem einschneidenden Erlebnis. Innerhalb weniger Monate gelang es Wilhelm nämlich, die von Werner entwickelte galvanische Versilberungs- und Vergoldungstechnik als Patent anzumelden und an die englische Firma Elkington für 1600 £ (abzüglich 110 £ Patentkosten) zu verkaufen. Dieser Erfolg, der etwa 30000 Mark erbrachte, half den Brüdern nicht nur aus großen finanziellen Schwierigkeiten, sondern ermutigte Wilhelm auch, eine dauerhafte Übersiedlung nach England ins Auge zu fassen. Werner unterstützte diesen Plan, so daß Wilhelm nach einem kurzen Aufenthalt in Magdeburg im Januar 1844 abermals nach England reiste.

Der schnelle Erfolg des vorangegangenen Jahres ließ sich jedoch zunächst nicht mehr wiederholen, zumal Wilhelm als 20jähriger Ausländer ohne große Erfahrung kein Glück hatte und mit den englischen Geschäftspraktiken nicht auf Anhieb zurechtkam. In einem Brief an Werner beschwerte er sich bitter:

„(...) ich habe Gelegenheit gehabt, sehr viel über den Charakter der Engländer zu hören und bin zu der Einsicht gelangt, daß er aus purem Egoismus zusammengebaut ist; so ist es z.B. durchaus keine Schande für ihn, jemanden zu betrügen und es gibt keinen größeren Triumph für ihn, als einen Ausländer und besonders einen Deutschen, hinters Licht zu führen."

Im gleichen Absatz aber fuhr er fort:

„Als Volk aber sind sie groß, denn sie sind frei und was Freiheit ist, davon kann man in Deutschland gar keine Idee haben. Wenn ich ein Jahr hier gelebt habe, so bin ich gewiß für Deutschland auf immer verdorben."[43]

Diese Grundhaltung bewog Wilhelm wohl dazu, in England zu bleiben, obwohl seine weiteren Aktivitäten noch auf Jahre kaum finanziellen Ertrag brachten. Die beiden Brüder mußten einsehen, daß der Verkauf von Gelegenheitserfindungen zu einem großen Teil ein Glücksspiel war. Zu den mißlungenen Projekten zählten zum Beispiel Erfindungen in der Zinkdruckerei und eine wenig ausgereifte Schnelldruckpresse. Daneben widmete sich Wilhelm aber auch der eigenen Entwicklung von Erfindungen, so der eines später sehr erfolgreichen Wassermessers.

Im Sommer 1844 besuchte Werner seinen Bruder in London, arbeitete einige Wochen intensiv mit ihm zusammen und machte auf der Rückreise einen Umweg über Paris, um dort die Industrieausstellung zu besichtigen. Er erkannte auf dieser Reise, daß mit kleineren, unsystematischen Erfindungen auf die Dauer kein Geschäft zu machen war. Da die vorhandenen Mittel schnell aufgezehrt waren, widmete er sich nach seiner Rückkehr nach Berlin daher wieder ernsthaften physikalischen Studien, knüpfte Kontakte zu anderen Forschern und interessierte sich mehr und mehr für elektrische Versuche. In diese Phase fiel auch seine erste Beschäftigung mit der elektrischen Telegraphie, bei der er sich auf die Verbesserung des Wheatstoneschen Nadeltelegraphen konzentrierte. Mit seinem Bruder Wilhelm blieb er während dieser Zeit in engem brieflichen Kontakt und begleitete dessen Arbeiten mit zahlreichen Anregungen und Kommentaren.

Bei seinen elektrischen Versuchen arbeitete Werner mit verschiedenen „Praktikern" zusammen, zunächst mit dem Uhrmacher Leonhardt, mit dem er auch die ersten Konstruktionen zur elektrischen Telegraphie baute. Die Ausführung seiner ersten bahnbrechenden Entwicklung auf dem Gebiet der Telegraphie, des Zeigertelegraphen, übertrug Werner jedoch dem Mechanikermeister Johann Georg Halske, der mit seinem Teilhaber Böttcher die fein-

---

[43] Wilhelm an Werner, London, 11. Februar 1844. Vgl. SAA WP Briefe

mechanische Firma Böttcher & Halske betrieb, und den er ganz für seine Projekte gewinnen und begeistern konnte. Im Herbst 1847 konnte er Halske sogar dazu bewegen, sein bisheriges Geschäft aufzugeben und mit ihm zusammen ein Unternehmen, die Telegraphen-Bauanstalt Siemens & Halske, zu gründen. Sie bezogen gemeinsam ein Haus, in dessen Erdgeschoß sich auch die Werkstatt befand. Da Werner zu diesem Zeitpunkt über nahezu kein Eigenkapital verfügte, beteiligte sich noch sein Vetter, der Justizrat Georg Siemens (1839–1901), mit 6842 Talern – etwas über 20 000 Mark – gegen eine Gewinnbeteiligung über sechs Jahre. Am 12. Oktober 1847 wurde die Werkstatt mit 10 Arbeitern in einem Hinterhaus, Schönebergerstraße 19, in Berlin eröffnet. Am Gewinn nahmen Werner Siemens und Georg Halske mit je zwei Fünftel, Georg Siemens mit einem Fünftel teil.

Um den Unterhaltsverpflichtungen gegenüber den jüngeren Geschwistern weiter nachkommen zu können und in der instabilen politischen Situation des Vormärz nicht als „Fahnenflüchtiger" dazustehen, blieb Werner vorläufig weiter im Militärdienst und widmete sich dem neuen Unternehmen nur in seiner Freizeit. Als besonders vorteilhaft erwies sich dabei, daß er qua Amt beratendes Mitglied der preußischen Telegraphenkommission war. Mittelfristig plante er jedoch, sich ganz dem Telegraphenbau und seiner Firma zu widmen.

1879 hat Werner Siemens rückblickend seine Erkenntnisse über die Entwicklung der elektrischen Telegraphie in einem Vortrag zusammengefaßt:

> „Schon bald nachdem Volta für die Konstruktion der nach ihm benannten Säule das Mittel gefunden hatte, einen andauernden elektrischen Strom zu finden, schlug Dr. Soemmering 1808 vor, ihn zur Telegraphie zu nutzen. Um seinen Plan ins Leben einzuführen, bedurfte es freilich noch lange Zeit ernster Gelehrtenarbeit. Erst nachdem auch die Fernwirkungen des elektrischen Stromes durch Oerstedt entdeckt und ihre Gesetze durch Männer wie Ampère, Araggot, Faraday, Gauß, Weber, Wheatstone und viele andere ergründet waren, konnte der kühne Plan Soemmerings in Erfüllung gehen. Aber obschon die Telegraphen, welche Gauß und Weber in Göttingen, Steinheil bei München Anfang der Dreißigerjahre herstellten, gut arbeiteten, verging doch ein Dezennium, bis der praktische Sinn der Amerikaner und Engländer die Telegraphie tatsächlich ins Leben rief. Von dieser Zeit an, Mitte der Vierzigerjahre, beginnt nun die Telegraphie ihre schnelle Entwicklung ... Alle Völker nahmen an diesem Wettlauf teil, und unser deutsches Vaterland mit in erster Linie"[44].

[44] Vgl. SAA 2/Lr 68.

Bild 12
Erste Werkstatt von
Siemens & Halske in Berlin,
Schönebergerstraße 19
(1847–1952)

was nicht zuletzt ein Verdienst von Werner von Siemens war. Das erste von ihm konstruierte Telegraphengerät war ein umgebautes englisches Gerät, das dann schnell durch ein von Morse konstruiertes abgelöst wurde, welches nun als Vorbild diente und ständig verbessert wurde.

Die Bedeutung der politischen Verhältnisse für die unternehmerische Tätigkeit

Die Unternehmertätigkeit von Werner von Siemens wurde anfangs durch die herrschenden politischen Verhältnisse entscheidend beeinflußt. Der Regierungsantritt König Friedrich-Wilhelms IV. im Jahre 1840 hatte entgegen den Hoffnungen des liberalen Bürgertums nicht zu einer entschiedenen Abkehr von der preußischen Restaurationspolitik der 1830er Jahre geführt. Die Enttäuschung darüber, daß sich Preußen nicht in Richtung auf einen Verfassungsstaat bewegte, wurde ab etwa 1846 durch die sich schnell verschärfende Wirtschaftskrise verstärkt. Mißernten führten in breiten Bevölkerungsschichten zu regelrechten Hungersnöten. In dieser gereizten politischen und wirtschaftlichen Krisenstimmung gab die Pariser Februarrevolution von 1848 den Anstoß zur Märzrevolution in Berlin.

Die Brüder Siemens zählten zu den nachdrücklichen Befürwortern der Revolution, deren Ziele ganz den nationalen und liberalen Ideen entsprachen, die laut Werner ihre Erziehung geprägt hatten.[45] Am eindeutigsten äußerte sich Wilhelm, der von England aus eine besonders radikal-liberale Haltung einnehmen konnte. So schrieb er in einem seiner Briefe an Werner:

„F. W. ist übrigens ganz der König nach meinem Sinn; er gibt sich alle erdenkliche Mühe, Euch beizubringen, wie unzureichend seine jetzige Regierung ist, und durch seine Opposition gibt er auch den Vortheil, die Freiheit selbst erringen zu können. In seiner Antwort auf die Stände sagt er hoffentlich, dass er in seinem großen Zeh mehr Weisheit sitzen hätte, als in den Schädeln seiner Abgeordneten in Summa zu finden sei und dass er aus diesem Grunde auf ihre Beschlüsse keinen Wert legen könne. (. . . .) Michel kriegt am Ende doch noch seine Freiheit und schwört bei seiner Schlafmütze, er wolle sich nie wieder zum Esel brauchen lassen. Metternich mit seiner Legion von Pfaffen, Zöllnern, Geheimen Räthen, Censoren, Diplomaten, Passplagern u. a. fährt in die Unter-

[45] Vgl. Werner von Siemens, Lebenserinnerungen, S. 13.

welt und liegt dem Teufel so schwer im Magen, daß er nie wieder einen Deutschen verführt. Säbel und Canonen werden auch überflüssig."[46]

Als preußischer Offizier mußte Werner sich bei seinen Äußerungen etwas mehr Zurückhaltung auferlegen, doch nahm er bei seiner politischen Einstellung berufliche Nachteile in Kauf. Im Jahre 1847 unterschrieb er eine Unterstützungserklärung für Johannes Ronge und gegen die „Dunkelmänner". Seine daraufhin geplante Versetzung konnte er nur durch die schnelle Entwicklung einer neuen Schießbaumwolle, die er dem Kriegsminister zuschickte, verhindern. Die ersehnte Revolution kommentierte er emphatisch in seinen Briefen an den Bruder Wilhelm. Noch vor dem 18. März schrieb er unter dem Eindruck der französischen Ereignisse:

„Vive la France! würde ich mit Dir aus vollem Herzen rufen, wenn man noch das Glück hätte, auch moralisch zu den Proletariern zu gehören! Doch das tut nichts; wir machen Riesenfortschritte. Eine solche Bewegung der Gemüther, ein solcher Drang nach Vernichtung aller unwürdigen Fesseln und Scheidewände muss gute Früchte bringen!"[47]

Und wenige Tage später berichtete er aus dem revolutionären Berlin:

„Ich beeile mich, lieber Bruder, Dir auch meinen ersten Gruß aus einem *freien Lande* zu überbringen!"[48]

Für die geschäftlichen Aktivitäten der Telegraphen-Bauanstalt bedeutete die Revolution, die von Werner so freudig begrüßt wurde, allerdings zunächst einen schweren Rückschlag. Die Telegraphenkommission stellte ihre Tätigkeit bis auf weiteres ein, ohne daß sie formal aufgelöst worden wäre.

Andererseits konnte sich Werner bei seinen Handlungen nunmehr von seinen nationalen Empfindungen leiten lassen. Dänemark hatte im Januar 1848 versucht, Schleswig, das dänisches Lehen war, aber zugleich mit Holstein, das zu Deutschland gehörte, in Realunion verbunden war, in den dänischen Staatsverband einzugliedern. Beide Herzogtümer, Schleswig und Holstein, nahmen an der Revolution teil und versuchten, sich von Dänemark zu lösen und dem Deutschen Bund beizutreten, eine verfassungsrechtlich bedenkliche Situation, da sich in Schleswig die Revolutionäre ge-

---

[46] Wilhelm an Werner, Manchester, 1. Juli 1847, SAA WP Briefe.

[47] Werner an Wilhelm, Berlin, 11. März 1848, SAA WP Briefe.

[48] Werner an Wilhelm, Berlin, 20. März 1848, SAA WP Briefe.

gen ihren legitimen Fürsten erhoben hatten. Preußen und andere vom Deutschen Bund mit der Kriegsführung gegen die Dänen beauftragte Mitglieder des Bundes zögerten zunächst, militärisch einzugreifen. Werner von Siemens handelte daher ohne offiziellen Befehl, als er sich im April 1848 nach Kiel aufmachte, wohin inzwischen seine Schwester Mathilde mit ihrem Mann, dem Chemie-Professor Himly, gezogen war. Auf eigene Faust und mit Unterstützung seines Schwagers machte Werner sich an die Entwicklung von Unterseeminen mit elektrischer Zündung, die mit großem Erfolg zum Schutz des Kieler Hafens vor dänischen Schiffen eingesetzt wurden.

Als Werner nachträglich einen preußischen Auftrag zur Verteidigung des Hafens von Eckernförde erhielt und sogar zum Kommandanten von Friedrichsort ernannt wurde, hatte er schon die Lust an seinem abenteuerlichen Ausflug in die Kriegsführung verloren und kehrte umgehend nach Berlin zurück. In seinen Lebenserinnerungen erzählt er jedoch ausführlich und mit spürbarem Vergnügen von diesem Abenteuer, das militärisch – wenn auch nicht politisch – siegreich für Preußen verlaufen war.

Bild 13
Carl Siemens, etwa 1860

Seit Wilhelms dauerhafter Übersiedlung nach England waren inzwischen zwei der jüngeren Brüder, Carl und Friedrich, soweit herangewachsen, daß sich die Frage nach ihrem weiteren beruflichen Werdegang stellte. Nachdem es Wilhelm in England gelungen war, das Vergoldungspatent zu verkaufen, hatten Friedrich, Carl und Walter bei Werner in Berlin wohnen und dort die Schule besuchen können. Zuvor hatten sie bei ihrem Onkel in Lübeck gelebt. Friedrich beschloß, nach dem Schulbesuch zunächst zur See zu fahren, erwies sich dafür aber nach kurzer Erprobungszeit als körperlich wenig geeignet, so daß die beiden älteren Brüder sich bemühten, ihm eine adäquate Ausbildungsstelle zu besorgen. Bei Antritt seiner Lehre als Maschinenbauer im Herbst 1847 behielt sich Friedrich jedoch vor, bald zu seinem Bruder Wilhelm nach England überzusiedeln. Auch Carl spielte zunächst mit dem Gedanken, zur See zu gehen, ließ seine Interessen aber von Werner mehr auf die Chemie und Physik lenken. 1846 verließ Carl die Schule mit Primareife und begann im Sommer 1847 als Chemiker bei der Berliner Firma Haslinger & Schondorf.

Carl und Friedrich folgten nach der März-Revolution beide ihrem Bruder Werner nach Kiel, von wo aus Friedrich zu einem ersten Aufenthalt nach England reiste, um dort für Werners Telegraphenprojekte tätig zu werden. Carl blieb als Assistent seines Schwagers Himly noch eine Zeitlang in Kiel, sehr zum Mißfallen seiner Brüder, die meinten, dort könne er seinem „Phlegma“ zu stark nachhängen. Die Nachrichten von den kalifornischen Goldfunden bewogen dann die beiden jüngeren Brüder Friedrich und Carl, zu Beginn des Jahres 1849 eine Auswanderung nach Amerika in Erwägung zu ziehen. Werner sagte ihnen dafür prinzipiell seine Unterstützung zu, bat sie aber, ihre Entscheidung noch einmal zu überdenken.

Die positiven Entwicklungen in der zweiten Jahreshälfte 1848 und im folgenden Jahr boten allen vier Brüdern zudem neue, erweiterte Geschäftsmöglichkeiten: Aufträge für den Telegraphenlinienbau in Deutschland auf den Strecken Berlin–Köln und Berlin–Frankfurt, die Siemens & Halske mit großem Erfolg innerhalb weniger Monate bauten, ermöglichten es Werner, im Herbst 1849 nach zwölfjähriger Dienstzeit seinen Abschied vom Militär einzureichen. Seine Arbeitskraft wurde jetzt ganz von der Telegraphen-Bauanstalt in Anspruch genommen. Zudem konnte er als Angehöriger des Militärs für die Förderung des Telegraphenwesens nicht mehr viel bewirken, da die zivile Nutzung der Telegraphie immer stärker in den Vordergrund rückte und in Preußen die Zuständigkeit für das Telegraphenwesen bereits im Februar 1849 vom Kriegsministerium auf das Ministerium für Handel und Gewerbe übertragen worden war. Werner nahm seinen Abschied gern. Er hatte während seiner Militärzeit eine ingenieurwissenschaftliche Ausbildung erhalten und auch stets Freiräume für seine Erfindungen und wissenschaftlichen Arbeiten bekommen. Seine liberale politische Haltung hatte ihm nicht geschadet. Daher erinnerte er sich in seinen Memoiren seiner Militärzeit im großen und ganzen freundlich. Die strenge militärische Hierarchie, die übrigens auch in den preußischen Zivilbehörden herrschte, sei durch den „Geist der Kameradschaft" stets etwas gemildert worden. Insgesamt bleibt jedoch der Eindruck, daß Werner erst als freier Unternehmer seine Möglichkeiten voll ausschöpfen konnte.

Wilhelm Siemens hatte im Laufe des Jahres 1849 eine feste Anstellung bei der Maschinenbaufirma Fox & Henderson in Birmingham gefunden, die eine flexible Arbeitszeit garantierte, eine Beteiligung an Patenteinnahmen versprach und gleichzeitig ein jährliches Fixum ausbezahlte. Damit konnte er den jahrelangen Zustand wirtschaftlicher Unsicherheit überwinden, die ihn abgesehen von gelegentlichen geringen Patenteinnahmen von Zuwendungen seines Bruders abhängig gemacht hatte.

Diese gefestigte und verbesserte Position der beiden älteren Brüder gab ihnen die Gelegenheit, die jüngeren Brüder stärker in die gemeinsamen Geschäfte einzubinden, die bei diesen Aussichten schnell von ihrem Amerika-Projekt abrückten. Seinem Bruder Friedrich konnte Wilhelm bei Fox & Henderson ebenfalls eine feste Stelle verschaffen. Carl dagegen stieg vorerst bei Siemens & Halske in Berlin ein und betätigte sich bereits Ende 1849 als Konstrukteur im Telegraphenbau.

Unternehmensgründung und erste Expansion bis Mitte der 1860er Jahre

Die Entwicklung des Telegraphenwesens

Die Entwicklung der Nachrichtentechnik ist neben der Einführung des Eisenbahnwesens und den Veränderungen in der Schwerindustrie eines der Merkmale der Industrialisierung gewesen. Die wie eine Überwindung von Raum und Zeit wirkende Telegraphie schuf eine Grundlage für die wachsende internationale Verflechtung, die Entstehung der Weltwirtschaft. Nach Versuchen mit optischer Telegraphie, die sich als sehr störungsanfällig und nicht tauglich für große Distanzen erwies, wurden in den 1840er Jahren auf der Basis der Geräte von Sömmering (1809) und Morse (1837) die ersten gebrauchsfähigen elektrischen Telegraphen konstruiert. England baute das erste Liniennetz; 1845 konstruierte Samuel Morse die erste amerikanische Überlandlinie von Boston nach Philadelphia.[49]

Werner von Siemens gelang es 1846, den Wheatstone'schen Zeigertelegraphen, der in England in Gebrauch war, zu verbessern. Für seine ersten Erfolge beim Bau der preußischen Staatstelegraphen war es unerheblich, daß diese Verbesserung schon kurze Zeit später durch die Morse-Apparate überholt wurde. Darüber hinaus lernte er durch Vermittlung seines Bruders Wilhelm die Kabelisolierung mit Guttapercha kennen. Wilhelm schickte ihm bereits 1846 eine Probe des Isolationsstoffes, den der englische Arzt Montgomery 1842 aus Singapur mitgebracht hatte. Für die Isolierung von Drähten mit Guttapercha konstruierte Werner 1847 eine Presse, die einen nahtlosen Überzug erlaubte.[50] Nachdem man in der Guttapercha, einem eingedickten Pflanzensaft des Guttaperchabaumes mit thermoplastischen Eigenschaften, ein vorzügliches

[49] Zur Einordnung vgl. Pohl, Aufbruch, S. 238 f.

[50] Im Herbst 1846 hatte Werner Siemens Untersuchungen über die Isoliereigenschaften eines damals gerade bekannt gewordenen Materials, der Guttapercha, begonnen. Bei der Bekleidung von Drähten mit Guttapercha ergaben sich jedoch zunächst Schwierigkeiten, die erst durch die von Werner Siemens und Georg Halske entwickelte Guttaperchapresse, die aus einem mit erwärmten Guttapercha gefüllten Zylinder bestand, gelöst wurden. Vgl. Trendelenburg, Geschichte, S. 3.

Bild 14 Kabelfabrik mit zahlreichen Guttaperchapressen

Isoliermaterial für unterirdische Leitungen gefunden zu haben glaubte und Nachrichtenkabel mit Hilfe der Guttaperchapresse isolierte, konnte der Nachrichtenverkehr moderner Prägung entstehen, obwohl man zunächst noch weiterhin auf das galvanische Element als Energiequelle angewiesen war.[51]

[51] Der von Werner Siemens erfundene Zeigertelegraph, der nicht mehr im Sinne eines Uhrwerkes arbeitete, sondern durch den Wagner-Neefschen Hammer einen selbsttätig gesteuerten Synchronlauf zwischen Sender und Empfänger hatte, war eine grundsätzlich neue Lösung der Nachrichtenübertragung auf elektrischem Wege. Bei den identisch aufgebauten Sende- und Empfangsapparaten waren Buchstaben und Leerzeichen auf 30 radial angeordneten Tasten angebracht. Mit Hilfe der Selbstunterbrechung wurden die miteinander korrespondierenden Apparate nach Einschaltung der Batterie in gleichlaufende Bewegung gesetzt. Beim Siemensschen Zeigertelegraphen reichten jeweils eine Batterie und eine Leitung, während die Selbstunterbrechung für die Synchronisation sorgte. Das Kreisen der Zeiger auf den Zifferblättern des gebenden und empfangenden Apparates sowie das Ablesen und Niederschreiben der übermittelten Zeichen erforderten aber soviel Zeit, daß es dem Amerikaner Morse nicht schwer wurde, seinen Telegraphen, der die Niederschrift vereinbarter Zeichen ermöglichte, in die Praxis einzuführen. Die größere Schnelligkeit der Morseschreiber mit etwa 100 Buchstaben pro Minute gegenüber 40 – nicht schriftlich festgehaltenen – Zeichen beim Zeigertelegraphen führte auch zu einer Senkung der Kosten für die Nachrichtenübertragung, weil aufgrund der kürzeren Übertragungsdauer mehr Depeschen pro Zeiteinheit übertragen werden konnten. Zwar benötigte man für die Morsetelegraphie ausgebildetes Personal, aber die Bedienung der Geräte war leicht zu erlernen. Wegen der einfacheren Handhabung blieben jedoch die Zeigertelegraphen noch lange Jahre bei der Eisenbahn im Einsatz, bevor sie der Morsetelegraph endgültig verdrängte.

Seine Erfindungen versuchte Werner sofort wirtschaftlich zu verwerten. Mit der Patenterteilung auch in England und Frankreich war die Grundlage für seine unternehmerische Tätigkeit gelegt.

Der Aufbau von Telegraphennetzen wurde in den meisten Ländern zunächst von den Interessen des Militärs bestimmt, das an einem einfachen und schnellen Kommunikationsmittel sehr interessiert war. Dementsprechend ließen die meisten europäischen Staaten zunächst Staatstelegraphennetze aufbauen. Mit fortschreitender ziviler Nutzung des Telegraphen, der zum Beispiel für die Börsen bald zentrale Bedeutung erlangte, entstanden in einigen Ländern auch private Betriebsgesellschaften. Die Eisenbahnverwaltungen, die ebenfalls zunehmend Telegraphen orderten, bildeten eine weitere Nachfragergruppe. Die starke Konzentration der Nachfrager auf Staaten und wenige private Betreiber verdeutlicht bereits die besondere Struktur des Marktes für Telegraphen.[52]

Aufgrund dieser Nachfragekonzentration übten fiskalische und zum Teil auch prestigeorientierte Überlegungen großen Einfluß auf die entstehende Telegraphenindustrie aus, deren Entwicklung weitgehend losgelöst von der gesamtwirtschaftlichen Lage verlief. Sie verlangte von den Unternehmen der Telegraphenbranche besondere Strategien, zu denen besonders die Kontaktpflege zu den jeweiligen Staatstelegraphenverwaltungen, aber auch die frühzeitige Anbahnung von Auslandskontakten gehörte, um wenigstens für eine gewisse Zeit mit Aufträgen versorgt zu sein. Trotz ihrer großen Bedeutung für die Verbesserung der Infrastruktur war die Telegraphenindustrie kein gewichtiger gesamtwirtschaftlicher Faktor, spielte also im Gegensatz zum Eisenbahnbau als Arbeitgeber oder Nachfrager von Rohstoffen kaum eine Rolle. Diese Strukturvorgaben gilt es zu bedenken, wenn man das unternehmerische Handeln von Werner von Siemens und seinen Brüdern beurteilen möchte.

---

[52] Zum Aufbau der Staatstelegraphennetze vgl. ETZ 1880, S. 31: Der Aufbau von Staatstelegraphennetzen erfolgte:

Großbritannien	1845	Schweiz	1852
Holland	1847	Schweden	1853
Deutschland	1849	Norwegen	1855
Österreich	1849	Spanien	1855
Belgien	1849	Portugal	1855
Niederlande	1852		

Die Anfänge der Telegraphen-Bauanstalt

Werner von Siemens gründete seine erste Unternehmung, die „Telegraphen-Bauanstalt Siemens & Halske", ohne eigenes Kapital gemeinsam mit dem Mechanikermeister Johann Georg Halske, der ihn bereits bei der Entwicklung seines Zeigertelegraphen unterstützt hatte, und mit seinem Vetter, dem Justizrat Johann Georg Siemens. Werner von Siemens brachte in das neue Unternehmen seine Patente ein; Halske, der bereits vorher mit einem Kompagnon eine eigene Werkstatt geleitet hatte, steuerte seine praktische Erfahrung sowohl für die handwerkliche Leitung als auch für die Werkstattorganisation bei.

Er erklärte sich auch bereit, der Werkstatt seine gesamte Arbeitskraft zur Verfügung zu stellen, während Werner vorerst seine militärische Stellung behielt. Seine Position in der Telegraphenkommission konnte er dabei für die Aquisition von Aufträgen nutzen, die – wie überhaupt alle äußeren Angelegenheiten und die Repräsentation der Firma – in sein Aufgabengebiet fielen. Sein Vetter Georg Siemens schließlich verpflichtete sich, als Kapitalgeber bis 1848 in drei Raten insgesamt 10 000 Taler aufzubringen. Wegen der Revolution im März 1848 kam es jedoch nicht zu der letzten Ratenzahlung, die auch nicht nachgeholt wurde. Der Gesellschaftsvertrag sah eine dieser Rollenverteilung entsprechende Aufteilung des Gewinns vor: Auf Werner von Siemens und Georg Halske sollten je zwei Fünftel des Gewinns, auf den „Kapitalisten" Georg Siemens ein Fünftel entfallen.[53] Für die Verwertung seiner Patente im Ausland hatte Werner sich ein Drittel Vorabgewinn gesichert.

Die schnelle, unbürokratische Gründung eines Unternehmens und seine Finanzierung mit der Hilfe von wohlhabenden Verwandten sind typische Erscheinungen der frühen Phase der deutschen Industrialisierung. Weniger typisch ist jedoch, daß die Gründung der Telegraphen-Bauanstalt mitten in einer konjunkturellen wie politischen Krise erfolgte. Eine erfolgreiche Unternehmensneugründung in dieser Situation zeigt recht deutlich, daß die neu entstehende Telegraphen-Industrie von den wirtschaftlichen Rahmenbedingungen zunächst weitgehend unabhängig arbeiten konnte. Die handwerkliche Fertigung der Telegraphenapparate verlangte darüber hinaus keinen großen Kapitaleinsatz. Alle

[53] Vgl. Gesellschaftsvertrag vom 1. Oktober 1847, SAA 21/Li 53.

Geräte wurden einzeln von gelernten Arbeitern hergestellt, größere Maschinen waren überflüssig. Erst 1863 wurde für die nun normierte, serienmäßige Fertigung von Einzelteilen eine erste Dampfmaschine angeschafft.[54]

Die Kehrseite dieser weitgehenden Unabhängigkeit von gesamtwirtschaftlichen Bedingungen war die Abhängigkeit von wenigen Auftraggebern: der Militärverwaltung, wenig später den Verwaltungen der Staatstelegraphen und der Eisenbahnen. Für die Telegraphen-Bauanstalt wurde dieser Nachteil in der ersten Zeit jedoch dadurch ausgeglichen, daß sie nahezu eine Monopolstellung als Anbieter hatte und von den hervorragenden Kontakten Werner von Siemens' profitieren konnte. Schon vor der Firmengründung stand er in aussichtsreichen Verhandlungen mit der preußischen Telegraphenkommission, der Anhaltischen Bahn und dem russischen Gesandten. Bei ihrer Gründung hatte die Telegraphen-Bauanstalt daher schon einige fast sichere Aufträge; das finanzielle Risiko war gering.

Nach einem Wettbewerb, der wegen der Revolution erst im August 1848 stattfand, erhielt Werner von Siemens den Auftrag für eine Telegraphenlinie von Berlin nach Frankfurt, die allerdings nicht mit seinen Zeigertelegraphen, sondern mit verbesserten Morse-Apparaten arbeiten sollte. Auf dieser Linie wurde am 28. März 1849 die Wahl des preußischen Königs Friedrich Wilhelms IV. zum Deutschen Erbkaiser von der Frankfurter Paulskirche nach Berlin übermittelt.

Nach diesem ersten großen Erfolg entschloß sich Werner von Siemens, der 1848 noch erwogen hatte, ganz in den zivilen Staatsdienst zu wechseln und preußischer Telegraphen-Direktor zu werden, seinen Abschied zu nehmen und sich ganz seinem Unternehmen zu widmen. Sein Nachfolger als technischer Leiter der Telegraphenkommission wurde sein Freund und Studienkamerad William Meyer, der später als Prokurist und Oberingenieur bei Siemens & Halske tätig war.

Die gute Zusammenarbeit mit der preußischen Telegraphenverwaltung hielt jedoch nicht lange an. Noch während des Sommers 1849, als Werner mit dem Bau weiterer Linien im preußischen Rheinland beschäftigt war, kam es zu ersten Schwierigkeiten.

[1] Vgl. Kocka, Unternehmensverwaltung, S. 63.

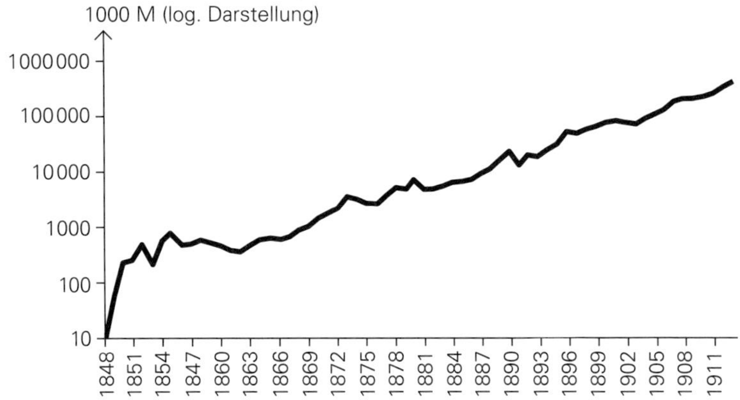

Bild 15 Umsatzentwicklung des Hauses Siemens 1848–1913

Mangelhafte Isolierung unterirdischer Leitungen hatten zu erheblichen Störungen im Telegraphennetz geführt, die Werner von Siemens mit dem Zwang zu billigem Arbeiten rechtfertigte. Der Hauptmangel bestand wohl darin, daß man der Guttaperchaummantelung Schwefel zugesetzt hatte, der mit den Leitern allmählich zu Schwefelkupfer oxidierte. Nebenschlüsse, Mitsprechen und falsche Schrift waren die Folge. Hinzu kam, daß die Arbeiten an der Linie Frankfurt – Berlin wegen der politischen Verhältnisse „etwas überhastet" vor sich gegangen waren.[55] 1851 kam es wegen permanenter Störfälle zum Abbruch der Geschäftsbeziehungen. Der Leiter der Telegraphen-Kommission, Nottebohm[56], entzog Siemens & Halske ab 1851 alle Anschlußaufträge und stürzte das junge Unternehmen in eine erste existentielle Krise. 1851 erhielt es zwar noch einen größeren Auftrag für die Berlin-Hamburger Eisenbahn in Höhe von 32 000 Talern, aber es war offensichtlich, daß ein langfristiges Überleben nach dem Wegfall der preußischen

[55] Vgl. G. Siemens, Weg I, S. 23.

[56] Werner Siemens, der die Gründe für das Versagen des unterirdischen Systems öffentlich genannt hatte, empfahl, aus den Fehlern zu lernen, aber nicht voreilig zum oberirdischen Leitungsbau überzugehen, zumal es ihm mit der Erfindung des Bleimantels gelungen war, den äußeren Schutz entscheidend zu verbessern. Da man ihm eine objektive Stellungnahme als Beteiligter nicht zutraute, regte er „eine genaue von wissenschaftlichen und sachkundigen Männern angestellte, vergleichende Analyse der bisherigen Resultate" an. Besonders Nottebohm betrachtete diesen Vorschlag als einen gegen ihn gerichteten Angriff und entzog S & H alle Staatsaufträge.

Staatsaufträge nur durch ein florierendes Auslandsgeschäft zu erreichen war.

Die Nottebohm-Krise verdeutlicht zwei besondere Probleme der jungen Telegraphen-Branche: Die erste Schwierigkeit resultierte daraus, daß mit einem technisch noch wenig ausgereiften Produkt gearbeitet werden mußte. Wettbewerb fand daher in erster Linie über technische Standards, nicht aber über den Preis statt. Zweitens begünstigten die Konzentration auf wenige Nachfrager und das Problem, die technischen Standards sachgerecht zu beurteilen, parteiische Entscheidungen bei der Auftragsvergabe. Da die angebotenen Produkte wegen unterschiedlicher technischer Standards über den Preis nicht vergleichbar waren, entschieden letztlich persönliche Verbindungen, Sympathien und Antipathien sowie das allgemeine „Renommee" einer Firma über die Auftragsvergabe. Die Nottebohm-Krise zeigt, daß sich diese Parameter sehr schnell umkehren und gegen ein vorher erfolgreiches Unternehmen wenden konnten.

Entsprechend unsicher war für Siemens & Halske die Kalkulationsbasis. Bei großen Aufträgen kam die Firma mit der Fertigung von Telegraphenapparaten und Zubehör kaum nach, während

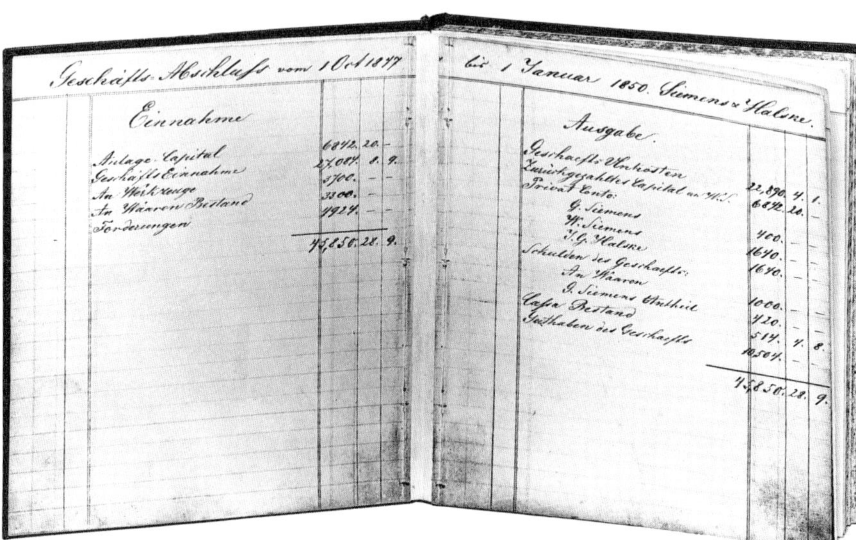
Geschäfts Abschluß vom 1 Oct 1847 bis 1 Januar 1850. Siemens & Halske.

Einnahme				Ausgabe			
Anlage Capital	6842.	20.	–	Geschäfts Unkosten	22,890.	4.	1.
Geschäfts Einnahme	27,084.	1.	9.	Zurückgezahltes Capital an W.S.	6842.	20.	–
An Werkzeuge	3700.	–	–	Privat Conto:			
An Waaren Bestand	3300.	–	–	G. Siemens	400.	–	–
Forderungen	4924.	–	–	W. Siemens	1640.	–	–
				J.G. Halske	1640.	–	–
				Schulden des Geschäfts:			
				An Waaren	1000.	–	–
				G. Siemens Antheil	420.	–	–
				Cassa Bestand	514.	4.	8.
				Guthaben des Geschäfts	10,504.	–	–
	45,850.	28.	9.		45,850.	28.	9.

Bild 16
Geschäftsabschluß Siemens & Halske, 1. Oktober 1847 bis 1. Januar 1850

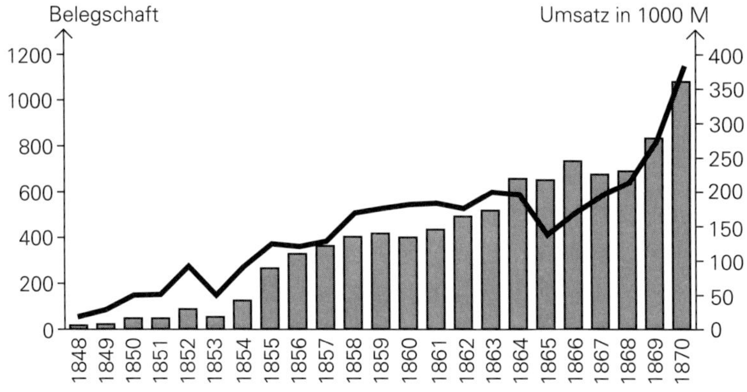

Bild 17
Belegschaft (Linie) und Umsatz (Säulen) Siemens & Halske, 1848–1870

zwischenzeitlich Unterbeschäftigung die Existenz des Unternehmens immer wieder in Frage stellte. Dieses grundsätzliche Problem konnte nicht gelöst werden, solange das Unternehmen ausschließlich oder doch vorwiegend in der Telegraphen-Branche tätig war. S & H versuchte dem durch eine frühzeitige Diversifizierung zu begegnen. So verlegte sich das Berliner Werk zum Beispiel nach dem Wegfall der russischen Aufträge Ende der 1850er Jahre auf die Fertigung von Wassermessern für den englischen Markt, die Wilhelm Siemens federführend entwickelt und für sich patentiert hatte.[57] Wenn auch die Wassermesserfertigung einige Jahre lang nur geringen Gewinn abwarf[58], lag ihre Bedeutung darin, daß es auf diese Art und Weise dem Unternehmen gelang, auch in auftragsschwachen Zeiten seinen Stamm von qualifizierten Facharbeitern zu halten und weiter zu beschäftigen. So wurden in Berlin nach der ersten Expansion bis zur Mitte der 1860er Jahre nahezu konstant ca. 150 Mitarbeiter beschäftigt, von denen nur einige wenige (1867 neun) ungelernte Hilfsarbeiter waren.[59]

Auslandsaufträge konnten diese für das Telegraphengeschäft typischen Schwierigkeiten nicht beseitigen, da prinzipiell im Ausland die gleichen Probleme und Strukturen bestanden wie in Preußen.

[57] Vgl. Pole, William Siemens, S. 105.

[58] In den 1860er Jahren entwickelte sich die Herstellung von Wassermessern sehr günstig und ergab nicht unwesentliche Gewinne. Vgl. SAA 29/Lp 586.

[59] Vgl. Kocka, Unternehmensverwaltung, S. 67.

Auch darf man die Nottebohm-Krise nicht als ursächlich für die starke internationale Orientierung des Unternehmens ansehen. Auslandskontakte hatte Werner sowohl auf eigene Faust als auch über seinen Bruder Wilhelm von Anfang an gesucht. Die Tatsache, daß ihm die preußischen Aufträge nach 1851 entzogen wurden, verstärkten allerdings den Zwang, um des wirtschaftlichen Überlebens willen im Ausland auch wirklich erfolgreich zu sein.

Bei den erfolgreichen Auslandsaktivitäten in Rußland und England bleibt doch zu erwähnen, daß Werners erste Vorstöße in Belgien und Frankreich anfangs ohne Erfolg blieben. Wie auch in Preußen hatte Werner hier einen Zugang über die wissenschaftlichen Institutionen gesucht. Im Februar 1850 besuchte er Brüssel, nach einem kurzen Aufenthalt bei Wilhelm in London dann im April Paris. Dort hatte er die Möglichkeit, private Kontakte anzuknüpfen, einen Vortrag vor der Akademie über seine Erfindungen und Innovationen im Bereich der Telegraphie zu halten und diesen Vortrag auch wenige Wochen später im Journal de Physique et Chimie zu publizieren. Obwohl Werner sich über diesen wissenschaftlichen Erfolg sehr freute und große Hoffnungen daran knüpfte[60], blieben konkrete Aufträge aus Frankreich aus. Ursache für die wenig erfolgreichen Aktivitäten in Frankreich waren die seit 1840 zunehmenden politischen Spannungen, die im Krieg 1870/1 ihren Höhepunkt hatten, denen eine Phase abgekühlter Beziehungen und offener Anfeindungen folgte.[61] Dieses Beispiel zeigt, daß wissenschaftlich-technisches Renommee nicht immer ausreichte, um dauerhafte Geschäftsbeziehungen anzubahnen.

Allgemein blieben die persönliche Kontaktaufnahme und das wissenschaftliche Gespräch in den ersten Jahren typisch für die Absatzbemühungen der Firma Siemens & Halske. Wegen ihrer geringen Kapitalausstattung und der Neuheit ihrer Produkte wäre auch kaum ein anderes Vorgehen denkbar gewesen. Dies wiederum hatte aber zur Folge, daß der Aufbau von Geschäftsbeziehungen

[60] Werner an Wilhelm, Paris, 27. April 1850, SAA WP Briefe.

[61] Die Eröffnung einer unter dem Namen Siemens Frères firmierenden Siemens-Niederlassung in Frankreich im Jahre 1878 war eine Folge der französischen Patentgesetzgebung, nach der in Frankreich patentierte Erfindungen innerhalb einer bestimmten Frist im Inland zu produzieren waren, wenn der Patentanspruch aufrechterhalten bleiben sollte. 1886 wurde die Niederlassung jedoch geschlossen, da sich die Nachfrage der französischen Industrie nicht im erhofften Maße ergeben hatte. Die Verluste der Niederlassung wurden auf 1,3 Mio. Francs beziffert. In der Folgezeit versuchte man die Erschließung des französischen Marktes durch Kooperationen mit einheimischen Firmen. Vgl. SAA 68/Li 177.

nahezu ausschließlich Werner von Siemens selbst überlassen war und allenfalls an seine ebenfalls sehr sachkundigen Brüder Wilhelm, Friedrich und Carl delegiert werden konnte.

Zu einer der wichtigsten werblichen Maßnahmen des jungen Unternehmens wurde – zumal während der Nottebohm-Krise – seine Präsenz auf der ersten Weltausstellung, die 1851 in London stattfand. Zur Unterstützung von Wilhelm und Friedrich Siemens, die ja beide eine feste Anstellung in Birmingham hatten und sich nur zeitweilig freimachen konnten, reiste Carl im Frühjahr 1851 nach London, um Siemens & Halske auf der Weltausstellung zu repräsentieren. Wilhelm beteiligte sich weniger bei der Vorführung der Siemens-Produkte, bemühte sich aber während der Ausstellung um konkrete Geschäftsanbahnungen. So trat er mit US-amerikanischen Firmen und mit der ostindischen Kompagnie in direkte Verhandlungen. Zunächst blieben diese Bemühungen jedoch ohne Erfolg, es gelang allerdings, die Firma international bekannt zu machen, wozu auch die von der Ausstellungsleitung an das Unternehmen Siemens verliehene hohe Auszeichnung, die Council medal, beitrug.

Ein erneuter Vorstoß in Frankreich, den Carl im Anschluß an die Weltausstellung unternahm, schlug abermals fehl. Diesmal sollte er im Auftrag Werners gleich eine Filiale in Paris gründen und sich nicht mit einer Vertretung begnügen. Die übereilt und ohne Blick auf die Marktchancen gegründete Gesellschaft mußte schon im Dezember 1852 wieder aufgegeben werden. Der 23jährige Carl reiste mit der Erkenntnis aus Frankreich ab: „Viel ausgegeben, nichts verdient und dabei noch schlecht gelebt.[62]“ Sein Bruder Werner ermutigte ihn zwar, nicht aufzugeben, plädierte angesichts der miserablen Ergebnisse aber auch für einen schnellen Rückzug.[63]

Das Rußlandgeschäft

Erst das Rußland-Geschäft ermöglichte der Telegraphen-Bauanstalt einen erneuten Aufschwung und sicherte durch längerfristige Wartungsverträge dem Unternehmen bis weit in die 1860er Jahre kontinuierliche Einnahmen. So bewertete Werner von Siemens

[62] Zitiert nach Heintzenberg, Carl v. Siemens, S. 17.

[63] Werner an Carl, Berlin, 16. Dezember 1852, SAA WP Briefe.

auch im Rückblick die Aufnahme dieser Geschäftsbeziehungen als eine entscheidende Zäsur:

„Das Jahr 1852 bildete einen entscheidenden Wendepunkt in meinem persönlichen sowohl wie in meinem geschäftlichen Leben.“[64]

Der persönliche Wendepunkt war die Verlobung und Eheschließung mit Mathilde Drumann, einer Professorentochter aus Königsberg. Geschäftlich war die Zäsur mit der Entwicklung in Rußland verbunden. Mit dem russischen Gesandten in Berlin hatte er – wie bereits erwähnt – schon vor der Gründung der Telegraphen-Bauanstalt Sondierungsgespräche geführt, nicht zuletzt wegen politischer Bedenken gegenüber dem „reaktionären“ Rußland diesen Kontakt zunächst jedoch nicht weiter verfolgt. So beklagte er noch 1848 seinen Brüdern Friedrich und Wilhelm das Wiedererstarken konservativer Kräfte:

„Da mag ich nicht mithelfen, nicht vielleicht gar auf Seite Russlands stehen! (...) Das spezifische Preussenthum erhebt sich jetzt wieder mit Macht und öffentlich, wozu das unpolitische Benehmen der Frankfurter Linken, das den Preussenstolz beleidigt hat, viel beiträgt.“

Gleichzeitig betonte er aber, daß mit großer Wahrscheinlichkeit nach den bisherigen Entwicklungen Deutschland wohl mehr oder minder preußisch werde und räumte ein:

„Mein Privatinteresse stimmt jetzt gerade sehr für das letztere.“[65]

Wegen der Nottebohm-Krise kamen die in Rußland sich bietenden Möglichkeiten Werner von Siemens und seinem jungen Unternehmen sehr entgegen, so daß er seine politischen Bedenken schließlich fallen ließ, allerdings nicht ohne sich in seinen Briefen immer wieder über die despotischen Methoden der russischen Staatstelegraphenverwaltung zu entrüsten.

Rußland war Anfang der 1850er Jahre ein sehr vielversprechender Markt für die Telegraphie. Die mangelhafte Infrastruktur des riesigen Reichs machte sowohl aus politisch-militärischen als auch aus wirtschaftlichen Gründen eine entscheidende Verbesserung der Kommunikation notwendig. Dementsprechend war das Interesse der maßgebenden politisch-militärischen Kreise und auch des Zaren Nikolaus I. selbst an der neuen Technik sehr groß. Obwohl eine systematische Industrialisierung des Landes bis gegen Ende

[64] Vgl. Werner von Siemens, Lebenserinnerungen, S. 125.

[65] SAA WP Briefe, Brief aus Friedrichsort, 25. Juli 1848.

des 19. Jahrhunderts nicht betrieben wurde, wandte sich die zaristische Regierung doch früh dem Ausbau der Infrastruktur zu. Neben der Telegraphie galt dies auch für den Eisenbahnbau: 1852 wurde die erste wichtige Strecke zwischen St. Petersburg und Moskau fertiggestellt. Rußland verfügte selbst nicht über qualifizierte technische Fachkräfte, so daß es für die Produktion, Installation und Wartung von Telegraphenanlagen auf das Ausland angewiesen war.

Erste Kontaktaufnahmen zwischen Werner von Siemens und der russischen Regierung gehen bereits auf das Jahr 1847 zurück. Weitere Verhandlungen mit dem russischen Gesandten in Berlin folgten dann 1849, und 1851 erhielt Siemens & Halske einen ersten Auftrag über 75 Zeigertelegraphen für die Linie St. Petersburg – Moskau. Wie beim Bau der Eisenbahn erfolgte die Auftragsvergabe nicht über eine Ausschreibung, sondern aufgrund von Empfehlungen von Ingenieuren, die im Auftrag der russischen Regierung nach Westeuropa gereist waren. Werner von Siemens erkannte schnell die Bedeutung persönlicher Kontakte, die er bislang zum russischen Gesandten Karl von Lüders gepflegt hatte, und entschloß sich wohl daher zu einer ersten Reise nach Rußland Anfang des Jahres 1852, der im gleichen Jahr und Anfang 1853 noch zwei weitere Besuche in St. Petersburg folgten. Er bestellte während dieser Aufenthalte den deutschstämmigen Petersburger Kaufmann Kapherr zum Vertreter von S & H und konnte auch zum Leiter der russischen Staatstelegraphie, dem Grafen Kleinmichel, der über die Auftragsvergabe zu entscheiden hatte, direkte Kontakte anknüpfen. Eine rasche Anpassung an die Landessitten, zu der die Ausstattung der leitenden Beamten mit großzügigen Geschenken gehörte, erleichterte darüberhinaus den Zugang zu Aufträgen.

Da Werner von Siemens bei seinem zweiten Besuch den Grafen Kleinmichel davon überzeugen konnte, an Siemens & Halske Aufträge für den Linienbau zu vergeben, wurde es nötig, einen ständigen Repräsentanten der Firma nach Petersburg zu senden, denn Kapherr war dazu weder fachlich in der Lage, noch besaß er das nötige Vertrauen der Unternehmensleitung. Nachdem Werner auf seiner dritten Reise zu Beginn des Jahres 1853 einen Vertrag über den Bau der Telegraphenlinie Petersburg – Oranienbaum – Kronstadt abgeschlossen hatte, schickte er seinen Bruder Carl nach

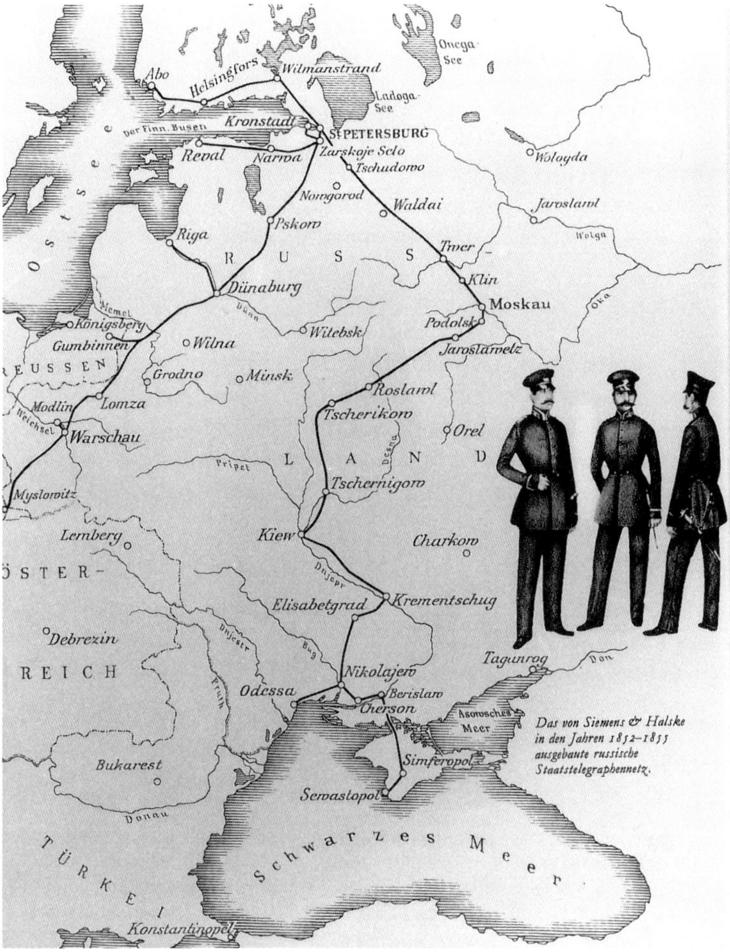

Bild 18
Das von Siemens & Halske 1852–1855 ausgebaute russische Staatstelegraphennetz

Petersburg, der nach dem mißglückten Filialgründungsversuch in Paris wieder für die Firma zur Verfügung stand.

Carl reiste zunächst nach Warschau, da es Halske etwa zeitgleich gelungen war, einen Auftrag über den Bau einer Telegraphenlinie von Warschau bis zur deutschen Grenze vom russischen Generalgouvernement für Polen zu erhalten. Darauf siedelte er jedoch nach Petersburg über. Wegen seiner Jugend hatte Carl anfangs Schwierigkeiten, in Petersburg respektiert zu werden. Graf Kleinmichel schien sogar etwas verstimmt, daß Werner ihm einen erst 24jährigen jungen Mann als verantwortlichen Bauleiter geschickt hatte. Carls Fähigkeit, schnell und kompetent Problemlösungen zu erarbeiten, überzeugte Kleinmichel aber schnell, so daß sich nach kurzer Zeit ein besonders gutes Verhältnis zu Kleinmichel entwickelte. Bereits im November 1853 erhielt Carl Prokura für das russische Geschäft von S & H und konnte fortan selbständig für das Berliner Unternehmen Verträge abschließen.

Als überaus vorteilhaft für die Entwicklung des Geschäfts erwies sich der Ausbruch des Krimkriegs zwischen Rußland und der Türkei im November 1853, in den im März 1854 England auf türkischer Seite eintrat, um gegenüber Rußland seine Position im Schwarzen Meer und an den Meerengen energisch zu wahren. In Berlin war man zunächst zwar besorgt über die Haltung der preußischen Regierung – S & H hatte im März 1854 Geschäfte im Umfang von 350 000 Rubeln in der Schwebe –, aber die Zentralmächte bewahrten bis zum Ende des Krieges aus Unentschlossenheit strikte Neutralität.

Lediglich bei der Lieferung englischer Seetelegraphenkabel der Firma Newall & Co. nach Rußland für die Linie nach Kronstadt traten Verzögerungen ein, die Carl Siemens, der ein englisches Embargo befürchtete, unruhige Wochen durchleben ließen. Ansonsten sorgte der Krieg für eine gute Auftragslage: Das russische Militär war an einer Telegraphenlinie zur Krim höchst interessiert, um ständig Verbindung zu der seit September 1854 für fast ein Jahr belagerten Festung Sewastopol halten zu können. Siemens & Halske erhielt daher den Auftrag zur Konstruktion einer Telegraphenlinie Moskau–Sewastopol via Kiew und Odessa.

Die rasch gestiegene Bedeutung des russischen Geschäfts ließ Werner von Siemens bereits im Sommer 1854 an eine Neuorganisation der Beziehungen zwischen Petersburg und Berlin denken. Anlaß für die Neugestaltung war der Wunsch des Justizrates Georg Siemens, als Gesellschafter aus dem Unternehmen auszuscheiden. Georg Siemens erhielt in fünf Jahresraten 50 000 Taler ausbezahlt. An seiner Stelle trat Carl mit einem Fünftel Anteil am Geschäftskapital in die Gesellschaft ein, wodurch die bisherige Tätigkeit Carls gewürdigt wurde, da unter seiner Leitung das russische Geschäft am meisten zum Gewinn des Gesamtgeschäftes beigetragen hatte. Nach Ablauf der Vertragsdauer von 12 Jahren (ab dem 1. Januar 1855) sollte er überdies die Möglichkeit erhalten, sich mit dem russischen Geschäft selbständig machen zu können.[66] Obwohl dieser Vertrag eine Filialstellung des Petersburger Hauses zu Berlin festschrieb, führte Carl faktisch seit dem 1. Januar 1855 das russische Geschäft selbständig mit eigenem Vermögen und eigenen Gewinnkonten. Dieser Status wurde in einem Nachtrag zum Geschäftsvertrag vom 1. Januar am 1. Oktober 1855 auch vertraglich festgelegt.[67]

Bei der insgesamt günstigen Entwicklung des russischen Geschäfts erschwerten die große militärische Bedeutung der Aufträge und die Kriegssituation S & H die Arbeit. Die russische Regierung versuchte alle möglichen Druckmittel einzusetzen, um eine schnelle Fertigstellung der Linien sicherzustellen. Werner von Siemens wurde bei einem Besuch 1855 zunächst so lange die Ausreise verweigert, bis die Linie Odessa – Sewastopol fertiggestellt wäre. Trotz aller Anstrengungen konnte die Krimlinie aber praktisch nur noch im September 1855 genutzt werden, um die Nachricht vom Fall der Festung Sewastopol zu übermitteln.

Mit dem Krimkrieg ging auch die gute Kriegskonjunktur für Siemens & Halske zu Ende. Ab 1856 gab es aufgrund der Lage der russischen Staatsfinanzen keine neuen Aufträge mehr für den Linienbau. Schwerer noch wog, daß nach dem Tod des Zaren Nikolaus I. dessen Nachfolger Alexander II. den Grafen Kleinmichel als Chef der Staatstelegraphie abberief. Damit hatte Carl Siemens seinen direkten persönlichen Zugang zum Leiter der Auftragsvergabe verloren. Auch der Vertreter von S & H in Petersburg, Kapherr, der inzwischen Carls Schwiegervater geworden war, hatte keine guten Verbindungen zu Kleinmichels Nachfolger. Außerdem traten trotz der Eheschließung zwischen Carl Siemens

66 Werner an Carl, Berlin, 26. Juni 1854, SAA WP Briefe.

67 Vgl. SAA 21/Li 53 Gesellschaftsverträge.

und Marie Kapherr vermehrt Schwierigkeiten in den geschäftlichen Beziehungen auf, vermutlich weil nach Carls selbständiger Übernahme des Petersburger Geschäftes keine klaren Kompetenzabgrenzungen zwischen Kapherr und ihm getroffen worden waren.

Trotz dieser unerfreulichen Entwicklungen blieben die Verdienstmöglichkeiten für Siemens & Halske in Rußland weiterhin gut, da 1855 für die von S & H gebauten Linien Wartungsverträge mit einer Laufzeit von zwölf Jahren abgeschlossen worden waren. Für diese sogenannte Remonte betrieb die russische Filiale eine kleine Werkstatt in St. Petersburg und drei Ingenieurbüros in Petersburg, Kiew und Odessa, denen je ein Bezirk zur Überwachung der Telegraphenlinien zugeteilt war. Wegen des allgemein geringen technischen Kenntnisstandes hatte S & H keine Konkurrenz oder eine vorzeitige Kündigung der Verträge zu befürchten. Da die Kosten für die Wartungsdienstleistungen zunächst schwer kalkulierbar schienen, wurden von Siemens & Halske hohe Wartungsgebühren angesetzt und zwei Drittel der Erträge in einem Remonte-Reservefonds für eventuelle Mehrkosten angelegt. Eine weitere Erfindung von Werner von Siemens, der „Tartaren-Galvanometer“, erlaubte jedoch bald eine genaue Lokalisierung von Störungen und reduzierte den Personalbedarf für die Wartung auf ein Minimum, da die Entstörungsteams stets gezielt und schnell eingreifen konnten. Auf diese Weise wurden die Remonte-Erträge zu einer lukrativen Einnahmequelle, auch wenn die Meinungen über die genaue Einnahmenhöhe etwas auseinandergehen. Auch die vorsichtigen

Das Geschäftsergebnis der Remonte

Jahr	Ausgaben	Einnahmen	Gewinn
1856	400 863	460 994	60 310
1857	325 450	423 645	98 194
1858	332 789	142 415	79 625
1859	388 225	511 727	123 502
1860	533 891	688 553	152 662
1861	318 802	443 385	124 582
1862	238 500	343 191	104 691
1863	323 904	419 364	95 460
1864	191 060	279 155	88 094
1865	171 771	269 751	97 979

Berechnungen von Kirchner gehen jedoch von einem Gesamtgewinn von 1,6 Mio Rubel aus.[68]

Von 1853 bis 1855 garantierte das russische Geschäft die Kapazitätsauslastung der Berliner Werkstatt. Danach gaben die Wartungsarbeiten lediglich der Petersburger Werkstatt genügend Arbeit. Einige kleine Zusatzgeschäfte mit Rußland außerhalb der Telegraphenbranche entwickelten sich allerdings vielversprechend. So hatte Werner von Siemens einen Alkoholmesser entwikkelt, der bei den russischen Steuerbehörden zur Festsetzung der Alkoholsteuer breite Verwendung fand.

Die großen Linienbauten und die Remonte-Verträge sicherten Siemens & Halske über das Ende des Krimkrieges hinaus hohes Ansehen in Rußland. So konstatierte Werner von Siemens mit großem Vergnügen, daß das Unternehmen den Titel „Kontrahenten für den Bau und die Remonte der Kaiserlich Russischen Telegraphenlinien" erhielt und das Recht zugesprochen bekam, seine Beamten zu uniformieren, eine Maßnahme, die ihrer Autorität und dem ihnen entgegen gebrachten Respekt sehr zuträglich war.[69] Auch nach Ablauf der Verträge 1867 konnte Siemens daher mit der starken ausländischen Konkurrenz in Rußland mithalten und weiterhin Telegraphenapparate und Sicherheitssysteme für die Eisenbahn nach Rußland absetzen.

Auch für die in den 1880er Jahren entwickelten Produkte der Beleuchtungstechnik wurde Rußland schnell ein wichtiger Markt für S & H.

Das ausgedehnte Auslandsgeschäft mit Rußland machte einige organisatorische Reformen in der Berliner Zentrale nötig, die man jedoch auf ein Minimum zu beschränken trachtete. So stellte man einen hauptberuflichen Buchhalter ein, ein Amt, das 1855 für viele Jahre Carl Haase übernahm. Zur weiteren Entlastung berief man noch im selben Jahr William Meyer als Prokuristen und übertrug ihm vorwiegend Organisations- und Leitungsaufgaben. Der verzögerte Zahlungsverkehr zwischen Berlin und Petersburg führte dazu, daß man zur Überbrückung von Liquiditätsengpässen, die aus der zeitlichen Differenz von Zahlungseingängen und den Verpflichtungen gegenüber Vorlieferanten entstanden waren, Banken zur Zwischenfinanzierung einschalten mußte. Im allgemeinen lei-

[68] Vgl. Kirchner, Deutsche Industrie, S. 47 f.; anders v. Weiher, Carl von Siemens, S. 16.

[69] Vgl. Werner von Siemens, Lebenserinnerungen, S. 150.

stete die russische Regierung ihre Zahlungen an Kapherr, der dann Wechsel auf deutsche Plätze zog. Diese Wechsel wurden in Berlin vom Bankier Magnus honoriert. Kapherrs Finanzdienstleistungen kamen S & H teuer zu stehen, denn der Finanzmann beanspruchte 10 % Provision auf alle Geschäftsabschlüsse für sich.

Das Jahr 1867 stellte für das Rußlandgeschäft aus zwei Ursachen einen gewissen Wendepunkt dar. Einmal liefen die Remonte-Verträge mit der russischen Regierung ab, die für Siemens & Halske gute Erträge gebracht hatten. Zum anderen verließ Carl Siemens aus Gesundheitsrücksichten Petersburg und siedelte zunächst nach Tiflis, später nach London über. Der eigentliche Grund für sein Ausscheiden war aber wohl nicht die Sorge um seine Gesundheit, sondern die „Windstille", in die S & H Petersburg gekommen war und die ihm eine weitere Tätigkeit in der russischen Hauptstadt wenig reizvoll erscheinen ließ. Mit seinem Weggang geriet das Geschäft in eine Flaute, die zu organisatorischen Änderungen führte. Das bisher wirtschaftlich selbstständige Unternehmen mußte aufgrund des Vertrages mit Halske liquidieren, damit dessen Auseinandersetzungsanteil festgestellt werden konnte, und wurde im Rahmen der Umorganisation des Gesamtgeschäftes in eine Filiale des Berliner Stammhauses umgewandelt.

Das im allgemeinen wenig erfreuliche Bild, welches das russische Geschäft in den 1870er Jahren bot, änderte sich erst, als Carl Siemens, der sich in London im Schatten seines älteren Bruders Wilhelm nicht recht wohlfühlte, nach Petersburg zurückkehrte. Er gestaltete das Verhältnis von Petersburg zu Berlin, wie es vor dem Jahre 1868 gewesen war: S & H Petersburg wurde zur selbständig abrechnenden Filiale des Stammhauses.

Unmittelbar nach seiner Rückkehr leitete Carl Siemens die Liquidation der Porzellanfabrik in Gorodok ein, die sich als ein äußerst verlustreiches Geschäft erwiesen hatte. Im Jahre 1861 war von Carl Siemens das Gut Chmelewo am Ilmensee für 60 000 Rubel gekauft und darauf die Glashütte Gorodok errichtet worden, um das Regenerativverfahren, eine Erfindung seines Bruders Friedrich, produktionsreif auszugestalten.[70] Da Carl selbst nicht Fachmann in der Glasfabrikation war, mußte er sich fast blindlings auf den Glasmeister beziehungsweise die späteren technischen Leiter der Fabrik verlassen. Das sollte sich sehr schnell als ein großer

[70] Vgl. Ehrenberg, Unternehmungen, S. 103-105.

Mangel herausstellen. Dazu kam noch ein Preissturz von 60–65 Rubel auf 45 Rubel pro Kiste Glas in den nächsten drei Jahren, so daß die Glasfabrik zu einem „faulen Punkt"[71] des russischen Geschäftes wurde. Ihre Umwandlung in eine Porzellanfabrik durch Carl sollte sich als Fehlentscheidung erweisen. Werner von Siemens meinte 1881:

„Schade, daß wir nicht bei letzterer (der Glasfabrik) geblieben sind. Mit Fritz colossalen Verbesserungen der Glasfabrikation und unter seiner Oberleitung würde Flaschenfabrikation gewiß ein nützliches Resultat gegeben haben."[72]

Die Porzellanfabrik fertigte in erster Linie Isolatoren für den eigenen Bedarf, darüber hinaus zur Kapazitätsauslastung noch Geschirr.[73] Die Fabrik arbeitete während ihrer gesamten Lebenszeit mit Verlusten und zehrte für die Jahre 1862 bis 1880 38 % der in Rußland erwirtschafteten Gewinne auf. Schon im Jahre 1864 hatte Werner ihm geraten, den ganzen Betrieb in Chmelewo einzustellen, war bei Carl jedoch auf Widerstand gestoßen, der mit Hartnäckigkeit versuchte, die Hütte in die Gewinnzone zu bringen. Als die Resultate immer schlechter wurden, mußte Carl doch die Liquidation durchführen. Am 1. Mai 1881 wurde Gorodok geschlossen. Insgesamt hatte Chmelewo/Gorodok einen Verlust von rund 830 000 Rubel oder ca. 2 Millionen Mark gebracht.

Die Moskauer Ausstellung sollte Carl Siemens nach seiner Rückkehr die einmalige Gelegenheit bieten, dem Rußlandgeschäft wieder Auftrieb zu geben. Siemens & Halske baute zu diesem Zweck eine elektrisch betriebene Bahn, um „dem russischen Publikum die Anwendung der Elektrizität zum Betrieb von Eisenbahnen" vorzuführen. Als äußeren Erfolg bei der Ausstellung erhielt S & H für diese Leistung die höchste Auszeichnung, den kaiserlichen Doppeladler, den die Firma nun im Briefkopf führen durfte. Wichtig aber dürfte es Carl gewesen sein, der Öffentlichkeit gezeigt zu haben, daß S & H wieder da war, dynamisch wie einst und mit dem Bestreben, die Entwicklung der Elektrotechnik in Rußland mit aller Macht voranzutreiben.

Im Jahre 1881 plante die russische Regierung, ein Doppelkabel von Odessa nach Sewastopol und von dort je eins nach Batum und Varna zu legen. Der Auftragswert aller Leitungen betrug 150

---

[71] Vgl. Brief Carl an Werner vom 17. Februar 1864. SAA WP Briefe.

[72] Vgl. Brief Werner an Carl vom 2. April 1881. SAA WP Briefe.

[73] Vgl. SAA 20/Ld 366, 2, S. 53.

bis 200 000 englische Pfund oder 4 Millionen Mark. Obwohl die Regierung die Kabel „auf Pump gemacht haben“[74] wollte, war S & H doch stärkstens daran interessiert, den Auftrag zu erhalten. Carl Siemens mußte jedoch befürchten, daß die Kabel und die für die Zukunft noch zu erwartenden Aufträge an die konkurrierende Great Northern gingen, weil persönliche Interessen des Beamten, der über die Vergabe entschied, mit im Spiel waren. Als das geeignetste Mittel, die Konkurrenz auszuschalten, sah Carl den Bau eines eigenen Kabelwerks in Petersburg, den Siemens & Halske Petersburg bereits seit 1878 plante. Carl konnte mit einem Entgegenkommen der russischen Regierung rechnen, weil das Marineministerium bedeutende Mengen an Gummidraht benötigte, den bisher Siemens London in seinem Kabelwerk Woolwich hergestellt hatte. Für den Fall eines Krieges mußte das Marineministerium darauf bedacht sein, die Kabel unabhängig vom Ausland zu beziehen.

Carl stieß mit seinem Plan, in Petersburg nun schon die dritte Kabelfabrik zu bauen, auf anfänglichen Widerstand, da Werner das zeitweise leerstehende Berliner Kabelwerk einigen Verdruß bereitete.[75] Er räumte ihn dadurch aus, indem er die günstigen Aussichten herausstrich, die sich einem Kabelwerk in Rußland boten, und indem er die erforderlichen Aufwendungen als sehr gering hinstellte. Bei der Angabe der notwendigen Investitionen irrte sich Carl jedoch beträchtlich, wie die Petersburger Bilanzen der nächsten Jahre beweisen. Darin war nämlich das Kabelwerk mit hohen Beträgen aktiviert. Im Gegensatz dazu bestätigte die spätere Entwicklung Carls Prognose über die Ertragslage. In sieben Jahren hatten die erwirtschafteten Gewinne bereits die Investitionssumme übertroffen. Das Problem einer zeitweiligen Unterbeschäftigung der Kabelfabrik wurde dadurch gelöst, daß die Fertigung der Brenner für die von Friedrich Siemens erfundenen Regenerativlampen zur Gasbeleuchtung aufgenommen wurde.[76]

Die endgültige Regelung der Fabrikation von Lampen in Rußland wurde im Rahmen der Verhandlungen um die Gründung der AEG getroffen. Diese Regelung sah vor, daß die AEG in Rußland sämtliche Lampen von S & H Petersburg zu Meistbegünstigungsprei-

---

[74] Vgl. Brief Carl an Werner vom 16. und 28. Februar 1881. SAA WP Briefe.

[75] Vgl. Brief Werner an Carl vom 6. Februar 1882. SAA WP Briefe.

[76] Vgl. Brief Carl an Werner vom 30. März 1882. SAA WP Briefe.

sen bezog, wofür S & H 30 Pfennig je Lampe an die Société Continentale (eine Edison-Gesellschaft) in Paris zu zahlen hatte.[77]

Neben Kabeln und Zubehörteilen der elektrischen Beleuchtung wie Beleuchtungskörper, Schalter und Sicherungen fertigte S & H Petersburg Geräte vor allem für das Eisenbahnsicherungswesen (Wechselsicherung und Streckenblockung, bei der letzteren nahm es sogar eine Monopolstellung ein). Dazu kamen Aufträge für das Telegraphengeschäft und der Bau von Morse- und Hughes-Apparaten. Als die russische Regierung die Einfuhrzölle für elektrotechnische Geräte beträchtlich erhöhte, nahm man im Jahre 1883 auch die Fertigung von Dynamomaschinen und Elektromotoren auf. Davon wurden 1883 31 Einheiten mit 91 PS, 1896 bereits 544 Einheiten mit 6737 PS hergestellt.

Nach dem Tod seines Bruders Werner im Jahre 1892 beteiligte sich Carl an der Führung des Gesamtgeschäfts und verlegte 1894 seinen Wohnsitz nach Berlin. Am 1. Juni 1898 realisierte er den lang verfolgten Plan, das Petersburger Geschäft in eine Aktiengesellschaft umzuwandeln. Es wurde in die neugegründeten „Russische Elektrotechnische Werke Siemens & Halske AG, Sankt Petersburg" eingebracht.

Insgesamt wird man die organisatorische Struktur des russischen Geschäfts nur als eher dürftig beschreiben können. Auch der in der Literatur häufig als der „Kaufmann" unter den Siemens-Brüder charakterisierte Carl hielt wenig von betriebswirtschaftlich-strategischen Überlegungen und bezeichnete den ansatzweise in diese Richtung denkenden William Meyer als „riesigen Philister"[78]. So basierte die Arbeit in Rußland organisatorisch im wesentlichen auf Improvisation und auf der Eigeninitiative der Filial- und Niederlassungsleiter. Sie konnte nur so erfolgreich sein, weil an Carls Loyalität zum Berliner Unternehmer kein Zweifel bestand. Auch die beim Linienbau und bei der Wartung mit Leitungsaufgaben betrauten Beamten standen zumeist in enger persönlicher Beziehung zur Familie Siemens und genossen eine besondere Vertrauensstellung. Dieser personale, improvisierte Organisationsstil hatte den großen Vorteil, daß sich das Unternehmen relativ problemlos den stark wechselnden Bedingungen und dem höchst unterschiedlichen Umfang des russischen Geschäftes

[77] Vgl. Brief Werner an Carl vom 21. März 1887. SAA WP Briefe.

[78] Vgl. Kocka, Unternehmensverwaltung, S. 78.

anpassen konnte. Mittelfristig erwies sich die Struktur jedoch als nachteilig, weil Siemens & Halske mit dem Ende der Remonte-Verträge und Carls Weggang aus St. Petersburg nicht auf ein Management zurückgreifen konnte, das in der Lage war, die Geschäfte in befriedigender Weise weiterzuführen.

Die Anfänge des Londoner Unternehmens

Das Engagement in England wurde in den Jahren nach der Nottebohm-Krise zum zweiten wichtigen Standbein der jungen Telegraphen-Bauanstalt. Dort waren die Ausgangsvoraussetzungen grundsätzlich anderer Natur als in Rußland. England war 1850 das mit Abstand am weitesten industrialisierte Land der Welt. Es verfügte über eine hochentwickelte eigene Telegraphentechnik, so daß nur mit innovativer und überlegener Technik die Möglichkeit bestand, zumindest in Marktnischen aktiv zu werden.

Im Unterschied zur Lage in Rußland war das Telegraphennetz privatwirtschaftlich organisiert. England hatte keine Staatstelegraphen. Die Linien wurden von privaten Betriebsgesellschaften gebaut und gewartet, die sich zu ihrer Finanzierung des hochentwikkelten Londoner Kapitalmarktes bedienten. So konnte die Electric Telegraph Company 1846 für die Patente von Cooke und Wheatstone eine Summe von 140 000 Pfund Sterling aufbringen.[79] Die Eisenbahngesellschaften hatten bereits 1838 den Bau der ersten Inlandsleitung in Auftrag gegeben und waren maßgeblich an einem schnellen Ausbau interessiert. Die militärische Nutzung des erst 1870 verstaatlichten Telegraphennetzes stand im Gegensatz zum Kontinent lange Zeit im Hintergrund.

Die Betriebsgesellschaften unterlagen jedoch in vieler Hinsicht strenger staatlicher Aufsicht. Über Konzessionserteilungen wurden der Linienbau gesteuert und direkte Konkurrenz auf einzelnen Linien vermieden. Für Regierungsdepeschen behielt sich die britische Regierung Sonderkonditionen (halber Preis, bevorzugte Beförderung), für den Kriegsfall sogar ein Recht zu Beschlagnahmung der Telegraphenanlagen in England und den englischen Protektoraten vor. Als Gegenleistung wurden die Betriebsgesellschaften mit Regierungsgeldern subventioniert. Wegen dieses geschlossenen Systems war der Marktzutritt in England kleinen und gar

[79] Vgl. v. Weiher, Überseegeschäft, S. 38-39; Kieve, Telegraph, S. 77 f.

ausländischen Unternehmen stark erschwert. Marktbeherrschend im Inland blieb die aus einem Zusammenschluß zwischen der Electric Telegraph Company und der International Telegraph Company 1855 hervorgegangene „Electric and International Telegraph Company".

Die Bedeutung englischer Patente und eines in England bekannten Namens für den Absatz auf dem Weltmarkt hatte Werner von Siemens von Anfang an erkannt und daher schon seine ersten Erfindungen in England zu vermarkten versucht. Sein Bruder Wilhelm war ihm dabei behilflich gewesen und hatte mit der Weiterleitung von Guttaperchaproben an seinen Bruder zudem einen wichtigen Beitrag zur Verbesserung der Isolierungstechnik geleistet. Wilhelm hatte sich jedoch, ab 1848 gemeinsam mit dem Bruder Friedrich, mehr dem Maschinenbau und der Wärmetechnik zugewandt und sich seit der Gründung der Telegraphen-Bauanstalt fachlich und wirtschaftlich mehr und mehr von Werner gelöst. Die Zusammenarbeit zwischen den beiden Brüdern Werner und Wilhelm gestaltete sich daher grundsätzlich anders als die zwischen Werner und Carl. Wilhelm war nicht bereit, seine eigenen Arbeiten und Interessen völlig zugunsten des „Familienunternehmens" seines Bruders hintenanzustellen. Diese grundsätzliche Haltung und die hohen Preise der Berliner Produkte waren sicherlich für das nicht immer unproblematische Verhältnis zwischen den Londoner und den Berliner Siemens-Unternehmungen mitverantwortlich.

1850 schloß Wilhelm mit Siemens & Halske einen Vertretervertrag ab. Steigenden Kosten standen aber zunächst keine Einnahmen gegenüber, so daß diese Form der Zusammenarbeit nicht sehr vielversprechend wirkte. Wilhelm konnte nur einen kleinen Teil seiner Arbeitszeit auf die Agententätigkeit für S & H verwenden. Nachdem sich vor allem Friedrich schon seit 1848 und dann erneut auf der Weltausstellung für Werners Verbesserungen des Wheatstone'schen Zeigertelegraphen und das gesamte Fertigungsprogramm von Siemens & Halske eingesetzt hatte, dabei aber keine wirtschaftlichen Erfolge erzielen konnte, stellten die Brüder ganz neue Überlegungen an. So plante man zeitweilig Direktinvestitionen in England, zum Beispiel den Bau einer Guttapercha-Fabrik.

Im Rahmen seiner wissenschaftlichen Tätigkeit hatte Wilhelm sein Interesse inzwischen einem Spezialbereich zugewandt: der Herstellung und Legung telegraphischer Seekabel. Doch auch in diesem Bereich war der Markteintritt schwierig. Die Idee, Telegraphenverbindungen auch durch Wasser hindurch einzurichten, wurde in England schon seit den 1840er Jahren mit Nachdruck verfolgt, zumal seit der Entdeckung des Isolierungsverfahrens mit Guttapercha eine wichtige Voraussetzung gegeben war. Bereits 1845 wurde in England die „General Oceanic Telegraphic Company" mit dem Ziel gegründet, ein erstes Transatlantikkabel zwischen England und Amerika zu verlegen.

Etwas bescheidener angelegt waren die Pläne der Brüder Brett, England mit dem Kontinent durch ein Unterseekabel zu verbinden. Es gelang ihnen, von der französischen Regierung eine Konzession zur Anlandung des Kabels zu erlangen. 1850 installierten sie das erste funktionsfähige Telegraphenkabel zwischen Dover und Kap Gris Nez, das jedoch wenig stabil gefertigt war und einen Tag nach seiner Inbetriebnahme gekappt wurde. John und Jacob Brett ließen daraufhin bei der Drahtseilfabrik R.S. Newall & Co ein spezielles Unterseekabel herstellen, das nicht nur aus isolierten Kupferdrähten, sondern auch einer zusätzlichen Bewehrung aus Stahldraht bestand. Dieses Kabel wurde 1851 zwischen Dover und Calais verlegt und machte Brett und Newall über Nacht berühmt. Brett erhielt zahlreiche Anschlußaufträge für Kabel zwischen England und Irland, England und Belgien sowie für Seekabel im Auftrag der französischen und italienischen Regierung. Bis zur Mitte der 1850er Jahre war Brett unangefochten Marktführer.

Der Einstieg ins Seekabelgeschäft war unter diesen Konkurrenzbedingungen für Siemens & Halske nur über Umwege möglich. Dabei kam dem Unternehmen zugute, daß Wilhelm Siemens gute Kontakte zu Lewis Gordon, einem Teilhaber der Firma R.S. Newall angeknüpft hatte. Gordon war Professor für Ingenieurwissenschaften an der Universität Glasgow; Wilhelm lernte ihn in den Londoner ingenieurwissenschaftlichen Clubs, die er stark frequentierte, kennen, freundete sich mit ihm an und wurde später (1859) durch Eheschließung mit Lewis Schwester Anne Gordon sogar sein Schwager.

Ein erster Geschäftskontakt zwischen Newall & Co. und den Siemens-Brüdern war bereits 1853 zustande gekommen, als Newall & Co. kurz vor Ausbruch des Krimkriegs das Seetelegraphenkabel für die Linie Petersburg-Oranienbaum-Kronstadt geliefert hatte.

Durch Vermittlung von Professor Gordon bot sich ab 1857 die Möglichkeit zu einer über die gegenseitige Abnahme von Produkten hinausgehenden Zusammenarbeit. Newall & Co. hatte einen Auftrag zur Verlegung eines Tiefseekabels zwischen Sardinien und Algerien erhalten und benötigte einen fachlich versierten Partner zur Prüfung der Kabel. Da die Brüder Brett bereits zweimal an dieser Linie gescheitert waren, entschloß sich Newall & Co., Gordons Empfehlungen zu folgen und Siemens & Halske sowohl mit den Prüfungen zu beauftragen als auch die notwendigen Telegraphenapparate bei ihnen zu ordern. Werner von Siemens beteiligte sich selbst an der Kabelverlegung und entwickelte auch über seine eigentliche Aufgabe, die Kabelprüfung, hinaus ein verbessertes Legeverfahren mit einer auf genauen Berechnungen beruhenden Kabelbremse, das auch zu einem erfolgreichen Abschluß des Auftrags führte.

Damit war der Durchbruch auf dem englischen Markt gelungen. Anschlußaufträge für die kooperierenden Firmen Newall und Siemens folgten schnell. Werner von Siemens konnte sich im Gegensatz zu den rein praktisch-empirisch arbeitenden Engländern den Ruf eines wissenschaftlich vorgehenden Technikers erwerben, den er auch gerne pflegte. Seine bei den Kabellegungen gewonnenen Erkenntnisse publizierte er allerdings erst sehr viel später bei der Berliner Akademie der Wissenschaften.[80]

Im Anschluß an die erste sardische Linie führten Newall und Siemens noch 1857 noch weitere Kabellegungen im Mittelmeer erfolgreich durch. Damit war es ihnen vorläufig gelungen, Brett ganz aus dem Geschäft zu verdrängen und selbst eine bedeutende Marktposition aufzubauen. Nach einem Jahr rückläufiger Auftragseingänge im Anschluß an die russischen Bestellungen im Krimkrieg gab diese neue Situation Werner von Siemens Anlaß zu Optimismus:

„Soviel ist klar, daß wir mit Newall vereint eine Macht bilden, die nicht so leicht zu beseitigen oder zu übergehen ist. Es würde sowohl in Newall's als auch in unserem Interesse liegen, diese Vereinigung bekannt zu machen. Jeder hat seinen Kreis von Gläubigern, und unserer ist nicht eben klein – Österreich, Holland und Rußland würden wir ziemlich sicher mitbringen, und alle drei haben große Pläne, namentlich Holland in den Ostindischen Kolonien."[81]

[80] Vgl. „Beiträge zur Theorie der Legung und Untersuchung submariner Telegraphenleitungen", 1874; vgl. Werner von Siemens, Lebenserinnerungen, S. 151-156.

[81] Werner an Wilhelm, Berlin, 12. Mai 1858, SAA WP Briefe.

Die Unternehmensorganisation wurde nach dem Durchbruch auf dem englischen Markt dahingehend geändert, daß die Londoner Vertretung 1858 in ein selbständiges Geschäft umgewandelt wurde, an dem die Brüder Werner und Wilhelm Siemens, Georg Halske und auch die Firma Newall beteiligt waren. Die neue Firma erhielt den Namen Siemens, Halske & Co. und sollte damit auch namensmäßig die enge Verbindung mit dem Berliner Stammhaus zum Ausdruck bringen. Wilhelm sollte auch einen eigenen Fertigungsbetrieb für Telegraphenmaterial in London leiten, nicht zuletzt, um die hohen Einfuhrzölle auf elektrische und mechanische Geräte zu umgehen. Mit dem Cobden-Vertrag, in dem weitgehender Freihandel zwischen England und dem Kontinent vereinbart wurde, fielen diese Schutzzölle allerdings weg. Bereits Ende 1858 hatte Wilhelm aber eine kleine Fabrik für 80 bis 100 Arbeiter an der Millbank Row, Westminster, mit Berliner Unterstützung betriebsbereit eingerichtet. Diese Werkstatt bestand bis 1866, als sie in einem größeren Unternehmen aufging.

Ganz gemäß Werners Plänen verlief der Start im englischen Seekabelgeschäft zwar schwungvoll, die geplante dauerhafte Zusammenarbeit mit Newall fand aber ein rasches Ende. Der auf fünf Jahre geschlossene Vertrag mit dem Kabelhersteller wurde schon 1860 wegen ständiger Zwistigkeiten gekündigt. Siemens hatte sich zum ausschließlichen Bezug von Newall-Kabeln verpflichtet. Deren hohe Preise setzten das Unternehmen außer Stande, bei Aufträgen auf dem Niveau der Konkurrenz mitzubieten. Immerhin erledigten die beiden Geschäftspartner 1858 und 1859 noch erfolgreich einige Aufträge, die das Ansehen des deutschen Anbieters nachdrücklich festigten, so zum Beispiel Kabel von Konstantinopel nach Chios und Candia, von Syra nach Chios und von Candia nach Alexandria und schließlich eine Teilstrecke der Telegraphenlinie nach Indien durch das Rote und das Indische Meer.

Wegen der ständigen Spannungen mit Newall begann Werner von Siemens, Ausschau nach einem neuen englischen Partner zu halten und zog dabei den Kabelhersteller Glass & Elliot in Betracht. Wilhelm riet jedoch von einer solchen Verbindung stark ab, da Glass & Elliot weder über ein hohes Ansehen noch über ausreichendes Kapital verfüge. Dennoch kündigte Siemens & Halske 1860 den Vertrag mit Newall, zahlte eine Vertragsstrafe von 1000 £ und mußte Newall auch noch die Siemens'schen Prüfverfahren zur weiteren Nutzung überlassen. Ohne ihren deutschen Partner konnte sich die Kabelgesellschaft aber nicht mehr auf dem Markt halten und stellte schon kurze Zeit später die Herstellung von Seetelegraphenkabeln ein.

Werner und Wilhelm Siemens, die 1859 zu persönlichen Beratern der englischen Regierung für Tiefseekabel ernannt worden waren, sahen sich jedoch in der Lage, auch ohne englischen Partner weiterzuarbeiten. Wilhelm Siemens, der sich am 19. März 1859, dem Tag seiner Verlobung mit Anne Gordon, hatte in England naturalisieren lassen und fortan seinen Namen in der anglisierten Form, Charles William Siemens, benutzte[82], konnte seine guten Kontakte zu Ingenieurkreisen wie auch zu staatlichen Stellen zum Nutzen des Unternehmens einsetzen. Es gelang ihm, durch seine Kontakte zum britischen Handelsministerium gemeinsam mit Werner einen Vertrag mit der britischen Regierung zustande zu bringen, durch den Siemens & Halske am 13. Juli 1859 mit der Überprüfung sämtlicher Regierungskabel beauftragt wurde, da sich fast alle britischen Unterseekabel als nicht funktionstüchtig erwiesen hatten. Der Prüfvertrag mit der Regierung bedeutete für Siemens den endgültigen Marktzutritt.

Die Tatsache, daß Wilhelm sich hatte naturalisieren lassen, trug aber nicht dazu bei, daß das Londoner Geschäft von Siemens, Halske & Co. als ein englisches empfunden wurde. Der Regierungsauftrag führte daher zu Protesten in englischen Fachzeitschriften.

Nach der Trennung von Newall & Co. benötigten die Siemens-Brüder einen neuen Kabellieferanten. Um sich nicht erneut an einen englischen Partner zu binden, wurden Überlegungen angestellt, selbst in England eine Kabelfabrik zu errichten. Wilhelm ermutigte seinen Bruder Werner auch, den Betrieb von Telegraphenleitungen direkt zu übernehmen, also ins Unternehmergeschäft einzusteigen. Als Projekt bot sich die Linie Malta–Alexandria an, die die englische Regierung wegen des hohen Risikos nicht weiter selbst betreiben wollte. Nach vielversprechenden Verhandlungen scheiterte die Übernahme jedoch, weil der Kabelhersteller Glass & Elliot Siemens & Halske unterbot. Auch der Vertrauensvorschuß, den das deutsche Unternehmen dank seiner erfolgreichen Kabellege- und Prüftätigkeit bei der britischen

[82] Aus Gründen der Einheitlichkeit wird Wilhelm – William – Siemens durchgängig als Wilhelm Siemens bezeichnet.

Regierung genoß, konnte die wesentlich günstigeren Konditionen des einheimischen Anbieters nicht aufwiegen. Glass & Elliot verdiente am Betrieb der Linie Malta – Alexandria große Summen und konnte darüber hinaus seine Marktposition erheblich verbessern. Wilhelm Siemens reagierte sehr verstimmt darauf, daß sein Bruder Werner und Georg Halske mit übervorsichtiger Kalkulation dieses Geschäft verdorben hatten:

„Dadurch, daß wir den Betrieb der Malta – Alexandria Linie verloren haben, haben wir Glass & Elliot die erste Stellung eingeräumt und unser hiesiges Geschäft auf 0 reduziert oder richtiger auf 200 Pfund Verlust pro Monat.“[83]

Eine Möglichkeit, weiterhin im Geschäft zu bleiben, sah Wilhelm nur noch im forcierten Einstieg ins Seekabelgeschäft. Nur in diesem Bereich des Telegraphengeschäftes war in England nach seiner Einschätzung noch keine Marktsättigung festzustellen. Interkontinentale Telegraphenlinien wie zum Beispiel die Verbindung von England nach Indien oder nach Amerika bedurften eines großen Kapitalaufwandes, da sie nicht von staatlichen Stellen, sondern von privaten Betriebsgesellschaften finanziert werden mußten. Entsprechend hoch war, besonders bei noch wenig ausgereifter Verlegetechnik im Seekabelbereich, das Risiko solcher Unternehmungen. Zwar bestanden für das Londoner Unternehmen noch andere Verdienstmöglichkeiten, wie der Bau einer 100 km langen Überlandlinie in Südafrika zur Verbindung von Kapstadt mit der Delagoa-Bay, ein Auftrag im Wert von 20 000 £ gezeigt hatte.

Mit Blick auf das Gesamtgeschäft – seit Jahren nur noch Wartungsgeschäfte in Rußland und anhaltende Stagnation in Deutschland – waren die Aussichten für weitere Großaufträge aber nicht günstig.

Bei Siemens & Halske bildeten sich schnell klare Fronten: Wilhelm Siemens sah in der Seekabelverlegung sowohl eine reizvolle technische Herausforderung als auch eine profitable Marktchance und war bereit, das Risiko einzugehen. Werner war risikoscheuer, aber auch von der technischen Aufgabe fasziniert und überdies bereit, seinen Bruder zu unterstützen. Halske schließlich scheute vor dem hohen finanziellen Risiko zurück und wehrte sich zudem gegen eine unkontrollierte Expansion des bis dahin ja eher handwerklich arbeitenden Unternehmens. Zu einem ersten Schritt ließ

---

[83] Wilhelm an Werner, London, 21. Februar 1862, SAA WP Briefe.

er sich jedoch, wenn auch widerstrebend, noch überreden: Anfang 1863 eröffnete die Londoner Filiale eine eigene Kabelfabrik in Charlton bei Woolwich, um sich von Qualität und Preisen der Zulieferer unabhängig zu machen.

Ein Auftrag der französischen Regierung, den Werner aufgrund persönlicher Kontakte zum Generaldirektor des französischen Telegraphenwesens, M. de Vougie, akquiriert hatte, sollte Siemens & Halske die erste Möglichkeit geben, mit eigenem Material ein Seekabel zwischen Cartagena und Oran zu verlegen. Die Verlegung wurde ein völliger Fehlschlag: In zwei Versuchen ging das Kabel verloren, darüberhinaus wurde das Schiff beschädigt. Dieses Scheitern war umso gravierender, als die Brüder Siemens ihr gesamtes Prestige bei diesem Auftrag eingesetzt hatten. Werner und Wilhelm waren beide persönlich angereist, um die Verlegung zu betreuen. Zum finanziellen Verlust in Höhe von 150 000 £, dem halben Geschäftskapital, kam somit eine persönliche Blamage.[84]

Für Johann Georg Halske war dieser Fehlschlag der Anlaß, die Beteiligung am ohnehin ungeliebten England-Geschäft aufzukündigen. Er verlangte sogar die vollständige Auflösung des englischen Hauses und erhielt in diesem Bestreben Unterstützung von Werners Freund, dem Prokuristen William Meyer. In dieser Situation retteten nur Werners Familiensinn und sein Traum von einem „Weltgeschäft“ das englische Haus. Bei einem völligen Rückzug Berlins wäre Wilhelm Siemens kaum in der Lage gewesen, das mit schweren Verlusten belastete Geschäft allein weiterzuführen, zumal sein Hauptinteresse nicht bei der Telegraphie lag. Werner mußte zwar Halskes Wunsch nach Ausstieg akzeptieren, war aber nicht gewillt, seinen Bruder Wilhelm im Stich zu lassen. Allerdings machte die inzwischen spannungsgeladene Atmosphäre zwischen London und Berlin Verhandlungen über eine neue Geschäftsgrundlage schwierig.

Wilhelm war zwar gerne bereit, mit seinen Brüdern zu kooperieren, lehnte aber jede Bindung an Berlin rundheraus ab. Werners Idee eines „Gesamtgeschäftes“, dessen einzelne Glieder sich dem großen Ganzen unterordnen und dessen Zentrale Berlin sein sollte, stieß schon vor dem großen Zerwürfnis mit Halske auf Wilhelms Widerstand.[85]

[84] Zur Einschätzung vgl. Werner von Siemens, Lebenserinnerungen, S. 179 ff.

[85] Vgl. dazu Werners Klagen in seinen Briefen an Carl, zum Beispiel vom 20. Mai 1863 und vom 31. August 1863; SAA WP Briefe.

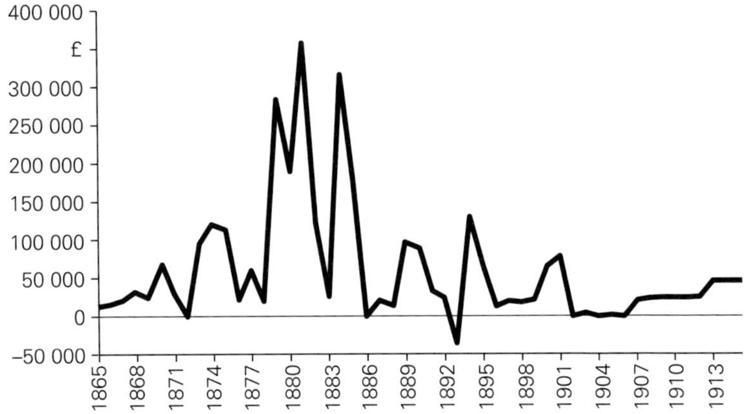

Bild 19 Das Geschäftsergebnis von Siemens Brothers

Die Neuordnung des Londoner Geschäfts, das ab dem 1. Januar 1865 unter dem Namen „Siemens Brothers" fortgeführt wurde, erwies sich als langwierig und schwierig, weil Wilhelm und Werner grundsätzlich unterschiedliche Vorstellungen über das Verhältnis zwischen Berlin und London hatten. Wilhelm wünschte im wesentlichen freie Hand bei seiner Geschäftspolitik: Apparate sollte das Londoner Unternehmen sowohl selbst herstellen als auch bei Siemens & Halske, Berlin, und auch anderswo einkaufen können, eine Vorstellung, auf die sich Werner auf keinen Fall einlassen wollte:

„Dein Vorschlag läuft darauf hinaus, dass zwei concurrierende Geschäfte, hier und in London, etablirt werden oder bleiben. Während ich das hiesige allein leite und besitze, soll ich bei dem concurrierenden Londoner als stiller Compagnon beteiligt sein. Ich glaube, Du wirst Dir bei ruhiger Überlegung selbst sagen, dass das eine unmögliche Stelllung für mich ist. (...) Ich bitte Dich daher, künftig immer nur die beiden Alternativen – ganze Vereinigung oder gänzliche Trennung unserer telegraphischen Interessen im Auge zu haben. Auf eine unklare Zwischenstellung werde ich nie eingehen."[86]

Da Werner über die entschieden höheren Kapitalmittel verfügte, konnte er eine gewisse Ankoppelung der selbständigen Londoner Firma an Siemens & Halske, Berlin, schließlich doch durchsetzen. Die unterschiedlichen Auffassungen Wilhelms und auch seines

[86] Werner an Wilhelm, Berlin, 7. Mai 1864; SAA WP Briefe.

Bild 20 Kabelfabrik Siemens Brothers Woolwich

Bild 21 Innenansicht Kabelfabrik Siemens Brothers Woolwich

engsten Londoner Mitarbeiters Ludwig Löffler und des Hauptkapitalgebers Werner über die Beziehungen zu Berlin waren jedoch in den kommenden Jahren immer wieder Anlaß zu Spannungen im „Gesamtgeschäft". Da Halske überdies an seinem Entschluß festhielt, wie vorgesehen 1867 auch aus dem Berliner Geschäft auszuscheiden und in diesem Jahr auch die russischen Remonte-Verträge abliefen, war die Zukunft der drei Hauptsäulen des Siemens-Geschäftes Berlin, Petersburg und London 1865/66 höchst unsicher.

Krise und Umstrukturierung

Die durch die gescheiterte Kabellegung und Halskes Ausscheiden aus dem Londoner Geschäft ausgelöste Krise ging in ihren Ursachen über einen geschäftlichen Fehlschlag weit hinaus. Die Leiter der beiden Auslandsunternehmen – und hier war Carl mit seinem Bruder Wilhelm ausnahmsweise einmal einer Meinung – warfen Berlin im Grunde unprofessionelles Management vor, litten unter der wenig flexiblen Arbeitsweise des Berliner Werks und seinem gleichzeitig argwöhnisch gehüteten Vormachtanspruch. So war Berlin bei großen Aufträgen wie den russischen Linien, den Geschäften mit Newall oder auch Nebengeschäften wie der Produktion von Wassermessern für den englischen Markt aufgrund der immer noch handwerklichen Produktionstechnik nicht in der Lage, Lieferverzögerungen zu vermeiden. Gleichzeitig reagierten sämtliche leitenden Angestellten ähnlich wie Georg Halske und auch Werner von Siemens selbst höchst empfindlich, wenn die Brüder nach anderen Lieferanten Ausschau hielten oder selbst produzieren wollten. Werner von Siemens versuchte zwar stets Verständnis für seine Brüder aufzubringen, war aber von dem Gedanken an ein „Haus Siemens" und ein „Gesamtgeschäft" so eingenommen, daß er betriebswirtschaftliche Argumente nicht gelten ließ, wenn dadurch seine Geschäftsidee – ein weltweit arbeitendes, eng verknüpftes Familienunternehmen unter seiner Führung – gefährdet wurde. Dieses Grundkonzept sollte auch in Zukunft noch für Spannungen sorgen.

Wilhelm Siemens reagierte auf diese Krise, in der Werner seine Vorstellungen letztlich durchsetzte, indem er sich zunächst wieder auf sein Ingenieurgeschäft konzentrierte. Zusammen mit seinem Bruder Friedrich arbeitete er an der Entwicklung des Siemens-Martin-Verfahrens zur Herstellung von Stahl, das er 1868 vor der

Chemical Society in London vorstellte.[87] Das nächste Großprojekt, das von Siemens Brothers übernommen wurde, die Indo-Europäische Telegraphenlinie, überließ er in Planung wie Durchführung im wesentlichen seinen Brüdern.

Carls Verhältnis zu Werner blieb unkomplizierter, obwohl auch seine Beziehungen zu Berlin nicht ganz ungetrübt blieben. Die Remonte-Einnahmen hatte Carl im großen und ganzen erfolglos in verschiedenen Geschäften investiert, 1864 sogar in Abstimmung mit Werner ein Kupferbergwerk in Kedabeg (Georgien) gekauft. Die fehlenden Folgeaufträge in Petersburg und seine glücklose Hand bei anderen Geschäften (ausgenommen der bereits erwähnte Alkoholmesser) ließen eine Liquidation des Petersburger Geschäfts nach Ablauf der Remonte-Verträge 1867 immer wahrscheinlicher werden.

Werner wollte den Bruder gerne wieder in Berlin oder London in der Geschäftsleitung sehen. Nicht zuletzt mit Rücksicht auf seine Frau, die lungenkrank war, zog Carl aber vor, sich in Tiflis niederzulassen und sich dort dem Kupferbergwerk Kedabeg und den Verhandlungen zum Bau der Indo-Europäischen Telegraphenlinie zu widmen.

Werner von Siemens fühlte sich durch solche „Ausstiegspläne“ in arge Bedrängnis gebracht. Es war Siemens & Halske bisher nicht gelungen, im Ausland ohne den Einsatz loyaler Familienmitglieder Fuß zu fassen. Einen ersten Versuch dazu hatte es mit einer Filialgründung 1858 in Wien gegeben, zu der die österreichische Regierung Siemens ausdrücklich aufgefordert hatte. Wegen der Intensivierung des Eisenbahnbaus schienen die Verdienstaussichten gut, die Brückenkopffunktion zum Balkan, nach Griechenland und in die Türkei für den zukünftigen Bau von Telegraphenlinien war zudem verlockend. Für eine solche Linie – als Teilstück für eine Indienlinie – wollte Werner von Siemens eine Betriebsgesellschaft zur Finanzierung gründen. Mit der Leitung der Wiener Filiale wurde der Berliner Beamte Steinert beauftragt, der sich jedoch nicht bewährte. In den ersten beiden Jahren blieben die Umsätze gering, dann nahm Steinert mehr Aufträge an, als die Wiener Werkstatt bewältigen konnte und verprellte mit schlechter Produktqualität und Lieferverzögerungen viele Kunden. 1864 mußte die Wiener Filiale mit Verlust liquidiert werden.[88]

---

[87] Vgl. Pole, Wiliam Siemens, S. 140 – 149.

[88] Vgl. Ehrenberg, Unternehmungen, S. 270-71.

Angesichts solcher Erfahrungen war Werner mehr denn je daran interessiert, möglichst Familienmitglieder an leitenden Positionen im Geschäft zu sehen und schenkte der Tatsache wenig Beachtung, daß zumindest Wilhelm seiner Vormundschaft inzwischen entwachsen war. Nach der Entwicklung der Dynamomaschine[89] im Jahr 1866, Vorverhandlungen für das Großprojekt der Indo-Europäischen Telegraphenlinie und mit Blick auf das Ausscheiden Johann Georg Halskes am 31. Dezember 1867 widmete Werner von Siemens den Großteil seiner unternehmerischen Energie der Neuordnung seiner Unternehmungen. In einem mehrgliedrigen Vertragswerk vom 23. und 24. August 1867 gelang es ihm, drei wichtige Weichenstellungen für die Zukunft durchzusetzen:

1. Halske beließ einen großen Teil seines Kapitals als Darlehen in der Firma, die somit keinen plötzlichen Kapitalverlust hinnehmen mußte.
2. Siemens & Halske, Berlin, sowie Siemens Brothers, London, wurden auf gemeinsame Rechnung übernommen und als Gesamtgeschäft fortgeführt. Das selbständige Petersburger Geschäft wurde liquidiert und als Filiale des Berliner Hauses in der Rechtsform einer Kommanditgesellschaft weitergeführt.
3. Die Brüder Wilhelm und Carl wurden nach Halskes Ausscheiden die einzigen Teilhaber des Hauptgeschäftes und verpflichteten sich zur dauerhaften Mitarbeit in der Geschäftsleitung; Wilhelm als Leiter des Londoner Hauses; Carl mit vorläufigem Wohnsitz in Tiflis.

Mit dieser Verwirklichung des „Gesamtgeschäftes“ hatte Werner seine Vorstellungen durchgesetzt. Als Zugeständnis an die Brüder sah der Vertrag vor, daß jeder auf eigene Rechnung weitere Geschäfte fortführen durfte, also Wilhelm sein Ingenieurgeschäft und Carl mit Werner und dem jüngeren Bruder Walter das Bergbau-

[89] Die elektrische Kraftübertragung konnte erst durch die Erfindung der Dynamomaschine und die Entdeckung des dynamoelektrischen Prinzips durch Werner von Siemens ermöglicht werden. Erst durch diese Erkenntnis und deren wissenschaftliche und technische Auswertung wurde die Basis für die Entwicklung der Starkstromtechnik geschaffen. Die Verwendung der dynamoelektrischen Maschine als Generator und Motor führte zur Erzeugung immer größerer Elektrizitätsmengen bzw. deren Verbrauch. Im Rahmen von Weltausstellungen und internationalen Elektrizitätsausstellungen konnte die Elektrotechnik ihre Produkte einem interessierten Publikum präsentieren. Dazu gehörten bereits in den Jahren 1881 bis 1883 verschiedene Bauformen von Stromerzeugern. Die Übertragung des Stroms über weite Entfernungen wurde jedoch erst durch den transformierbaren Wechselstrom möglich.

geschäft in Tiflis. Außerdem zeigte Werner sich bei der Gewinnverteilung großzügig. Für ihre Geschäftsführertätigkeit wurden Wilhelm und Carl mit Gewinnquoten weit über ihrer tatsächlichen Kapitaleinlage entschädigt: Werner erhielt 40, Wilhelm 35 und Carl 25 Prozent des Gewinns.[90]

Diesem Vertrag, der bei leichten Änderungen, zum Beispiel bei der Gewinnverteilung, bis 1880 Bestand hatte, waren langwierige briefliche Verhandlungen zwischen London, Berlin und Petersburg vorangegangen. Werners Ziel, Carl aus dem etwas abseits gelegenen Tiflis wieder für eine Position in Berlin oder London zu gewinnen, erreichte er erst nach dem Tod von dessen Frau Marie. Die Sondergeschäfte des Bruders akzeptierte er nur widerwillig:

„Die Sache ist die, daß Du dann ganz in unserem Privatgeschäft (Tiflis) thätig bist. Davon habe ich allerdings den grössten Nutzen, aber nicht unsere anderen Compagnons. Es ist das der Übelstand, den Privatgeschäfte einzelner Compagnons mit sich führen! Am liebsten hätte ich die Gelegenheit benutzt, eine Wiedervereinigung des ganzen Geschäftes, natürlich unter Anteilsbedingungen, die factisch bestehenden Verhältnissen Rechnung tragen, zu Stande zu bringen."[91]

20 Jahre nach der Gründung von Siemens & Halske war es Werner von Siemens immerhin gelungen, das inzwischen weltweit operierende Telegraphengeschäft zusammenzuhalten und nunmehr rein auf Familienbasis weiterzubetreiben. Durch die gemeinsame Rechnungsführung behielt das Stammhaus in Berlin eine herausgehobene Stellung, obwohl sich mit der Indo-Europäischen Telegraphenlinie und weiteren Kabelgeschäften eine größere Bedeutung des Londoner Hauses abzeichnete. Organisatorisch war das inzwischen recht umsatzstarke Unternehmen noch nicht sehr komplex gegliedert. Größere Geschäfte wurden ausschließlich von Familienmitgliedern eingeleitet und überwacht. Die Leitung der Routinegeschäfte in London und Berlin ruhte in der Hand weniger langjähriger Mitarbeiter wie Löffler in London und Haase in Berlin. Als einzige Konzession an die fabrikmäßige Fertigung war 1858 in Berlin die Akkordarbeit eingeführt worden.[92] Werners

[90] SAA 21/Li 53. Vgl. auch die Aufstellung des an die Inhaber verteilten Reingewinns im Anhang.

[91] Werner an Carl, 4. März 1867, SAA WP Briefe.

[92] Vgl. Schreiben Werner an Wilhelm vom 18. Januar 1859: „Schon in diesem Jahr kommen wir jedenfalls durch die jetzt eingeführten Akkordarbeiten höher (wird sich bald herausstellen), und das muß sich um so mehr steigern, je mehr die Akkordsätze ausprobiert sind und je mehr wir zu tun bekommen." Vgl. SAA WP Briefe.

enger Mitarbeiter und Freund William Meyer, der seit 1855 als Prokurist bei Siemens & Halske tätig war, erkrankte allerdings 1867 schwer und wurde nur noch pro forma bis zu seinem Tode 1868 in der Firma weiterbeschäftigt. Erst nach seiner Erkrankung und Halskes Ausscheiden begann Werner von Siemens, auch Konstruktions- und Entwicklungsarbeiten an dafür eingestellte Ingenieure zu delegieren.

Die fehlenden Organisationsstrukturen und die fast ausschließliche Arbeit mit Familienmitgliedern muten heute für ein angehendes Weltunternehmen zwar merkwürdig an, boten jedoch in der Aufbauphase große Vorteile. Die Loyalität und der bedingungslose persönliche Einsatz waren in der von wenigen, meist staatlichen Auftraggebern abhängigen Branche von unschätzbarem Wert. Der Verzicht auf schwerfällige Organisationsstrukturen erlaubte größtmögliche Flexibilität und ermöglichte es den Brüdern auch, bei Fehlschlägen ohne große Verluste einfach etwas Neues zu beginnen (so zum Beispiel Carl nach der gescheiterten Filialgründung in Paris). Die Erweiterung der Produktpalette durch den Einstieg in die Starkstromtechnik und die immer größer werdenden Geschäfte im Linienbau und bei den Seekabeln erforderten jedoch für die kommenden 20 Jahre stärker strukturierte unternehmerische Planung. Dazu gehörte auch, daß nach 1867 erstmalig mit Fremdkapital von Banken gearbeitet wurde, nachdem S & H bislang Banken nur zum Transfer von Erlösen aus dem Ausland und zur kurzfristigen Überbrückung von Liquiditätsengpässen eingeschaltet hatte.

Die Unternehmungen der Brüder Siemens bis 1889

Gesamtüberblick

Seit 1866 und damit noch vor dem Gründerboom der Jahre 1870–1872 expandierten die Geschäfte von S & H dank guter Auftragslage. In dem bis 1873 anhaltenden gesamtwirtschaftlichen Auf-

Bild 22 Fabrikhof Markgrafenstraße, um 1870

schwung stieg die Belegschaft des Berliner Hauses von 166 (1866) auf 628 (1873).[93] Gleichzeitig wurden die Fabrikgebäude in der Markgrafenstraße großzügig ausgebaut. In Charlottenburg baute Werner von Siemens eine zweite Fabrik, wohin die nicht zur Telegraphie gehörende Produktion des Unternehmens, zunächst vor allem die Fertigung von Alkoholmessern, ausgelagert wurde.

Ursache für diesen Aufschwung waren mehrere Großaufträge; so die Indo-Europäische Telegraphenlinie und das in Zusammenarbeit mit Siemens Brothers verlegte Transatlantikkabel – aber auch Aufträge des preußischen Militärs, die im Zusammenhang mit dem Deutsch-Französischen Krieg standen. Das Verhältnis zur preußischen Staatstelegraphen-Verwaltung hatte sich nach dem Ausscheiden von Nottebohm 1857 gebessert und mit Nottebohms Nachfolger, dem Oberst von Chauvin, ergab sich wieder eine zufriedenstellende Zusammenarbeit. Regelrecht gefördert wurde Siemens & Halske aber nach 1875, als die Telegraphenverwaltung der Reichspost eingegliedert wurde. Mit dem Amt des Generalpostmeisters, das zunächst Heinrich Stephan, ein großer Bewunderer und Freund von Werner von Siemens inne hatte, wurde eine maßgebliche Instanz für die Vergabe von Großaufträgen geschaffen. Trotz der angespannten Finanzlage des Staates in der Gründerkrise unterstützte Stephan den Aufbau eines unterirdischen Telegraphennetzes. 1876 gründete S & H daher eine eigene Kabelfabrik in Berlin, die im Gegensatz zur englischen Produktionsstätte in Woolwich auch den Wunsch der Reichsverwaltung nach nationaler Produktion befriedigte. Dank dieser Aufträge hatte S & H auch in den 80er Jahren nach anfänglich schweren Einbußen durch das Auslaufen internationaler Aufträge stetig steigende Umsätze zu verzeichnen.[94]

Wirtschaftlich vorerst weniger bedeutsam, aber zukunftsweisend war Werner von Siemens' Entdeckung des dynamoelektrischen Prinzips, durch das die Umwandlung von elektrischer in mechanische Energie gelang. Mit der Konstruktion der ersten Dynamomaschinen begründete er die Starkstromtechnik, da mit seiner Maschine erstmals die Herstellung beliebiger konstanter Spannungen ohne den Einsatz von Batterien möglich war, und sicherte sich die wirtschaftliche Verwertung bereits 1867 durch Patente in

[93] Vgl. Kocka, Unternehmensverwaltung, S. 117.

[94] Vgl. Peschke, Elektroindustrie, S. 48 – 56.

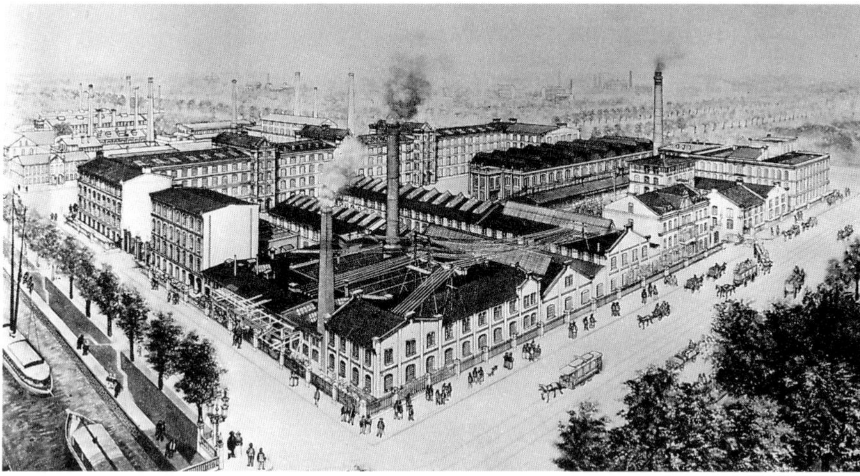

Bild 23 Charlottenburger Werk, um 1895

Bild 24 Siemens & Halske in Berlin, 1886

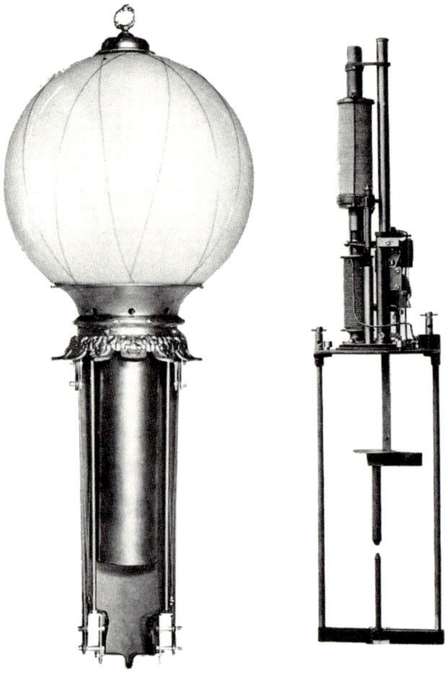

Bild 25
Bogenlampe, um 1880

Deutschland und England. Mit dem dynamo-elektrischen Prinzip eröffneten sich neben der Telegraphie viele neue Felder der Elektrotechnik. Anfangs standen neben der Beleuchtung besonders die Anwendung der Krafttechnik für Elektromotoren und Elektrobahnen im Vordergrund.

Die wirtschaftliche Nutzung der Starkstromtechnik über ein Versuchsstadium hinaus begann bei Siemens & Halske jedoch erst nach weiteren Verbesserungen gegen Ende der 1870er Jahre. Im Beleuchtungsgeschäft ergaben sich einige Verzögerungen, weil Werner von Siemens nicht ganz an die Durchsetzungsfähigkeit des elektrischen Lichts gegenüber dem Gaslicht glaubte und zudem zunächst statt auf das Glüh- auf Bogenlicht setzte.[95]

Obwohl weder Siemens & Halske noch die Elektroindustrie von den Auswirkungen der Gründerkrise und des verlangsamten gesamtwirtschaftlichen Wachstums in der Folgezeit erfaßt wurden, da die Erfolge der Starkstromtechnik und für Siemens speziell weitere See- und Landkabellegungen – besonders über die Londoner Firma – sogar einen Aufschwung bewirkten, büßte Siemens & Halske einen erheblichen Teil des Vorsprungs ein, den das

[95] Vgl. auch die Tabelle zur Umsatzentwicklung nach Bereichen im Anhang.

Unternehmen gegenüber der Konkurrenz besessen hatte. Entscheidend waren jedoch nicht Versäumnisse im Bereich der Technik, sondern in der Unternehmensorganisation, die mit der stark personenbezogenen Unternehmensführung zusammenhingen.

Nach einem kurzen Ausflug in die Wissenschaft und Politik zwischen 1864 und 1867 und einer persönlichen Krise nach dem Tod seiner ersten Frau Mathilde 1865 engagierte sich Werner von Siemens wieder mit voller Kraft in der Unternehmensführung. Etwa zeitgleich mit dem Ausscheiden Halskes und dem Tod Meyers hatte Werner von Siemens neben dem Buchhalter Haase auch einige technische Mitarbeiter eingestellt, so 1867 den Ingenieur Friedrich von Hefner-Alteneck, der den Trommelanker in der Form schuf, in der noch heute die Anker von Gleichstrommaschinen ausgeführt werden, und der die Differentialbogenlampe erfand; 1869 den Telegrapheningenieur Karl Frischen, den er zunächst für die Arbeiten an der Indo-Linie und dann für Siemens & Halske aus dem staatlichen Telegraphendienst holte[96]; und 1873 den Physiker Dr. Oskar Frölich. Der Spielraum, der diesen leitenden Mitarbeitern eingeräumt wurde, war zunächst jedoch sehr klein. Vor allem gegenüber dem Akademiker Frölich hatte Werner von Siemens starke Vorbehalte.[97]

Im internationalen Geschäft erwies sich diese Abneigung gegen das Delegieren und das starke Mißtrauen gegenüber allen, die nicht zur Familie gehörten, mehr und mehr als hinderlich. Schließlich expandierte allein Siemens & Halske, Berlin, von einem allenfalls mittelgroßen Unternehmen mit 192 Mitarbeitern im Jahre 1867 zu einem Großunternehmen mit 2125 Mitarbeitern im Jahre 1889, als Werner von Siemens aus dem regulären Geschäft ausschied. Mit den ausländischen Gesellschaften betrug der Personalbestand 1889 sogar 4513.[98]

---

[96] Karl Frischen entwickelte sehr bald für Siemens & Halske ein neues Signalsystem für die Eisenbahn, das auch international eingeführt wurde, und wurde auch Leiter der Werkstätten.

[97] Vgl. G. Siemens, Weg I, S. 71: „Es ist sonderbar, daß Werner Siemens sich von solchen Leuten kaum nützliche Mitarbeiter versprach. Wahrscheinlich konnte er sich später von den in den ersten zwei Jahrzehnten seiner Firma zweifellos richtig gewesenen Vorstellungen nicht mehr frei machen, daß für die wissenschaftliche Durcharbeitung der auftauchenden Probleme ein Kopf, nämlich der seine, genüge. Vielleicht teilte er auch das Mißtrauen vieler Selfmademen gegen Leute, die auf Grund ihrer Vorbildung von vornherein Ansprüche stellen könnten, deren Berechtigung sie erst später durch Leistungen nachweisen müßten."

[98] Zur Belegschaftsentwicklung vgl. die Aufstellung im Anhang.

Mit der Expansion des Berliner Unternehmens wuchs auch das Auslandsgeschäft, allerdings nicht in gleichem Maße. Das Londoner Unternehmen zeigte sich bei der neuen Starkstromtechnik zunächst sehr zurückhaltend und setzte weiter auf das Kabelgeschäft. Zunehmend ergaben sich im Verhältnis Berlin–London Probleme, weil Wilhelm sich den Berliner Vorgaben nicht unterordnen wollte. Er wandte sich zunehmend seinen ingenieurwissenschaftlichen Arbeiten zu und überließ die Leitung von Siemens Brothers mehr und mehr seinem Bruder Carl, der 1870 zu seiner Unterstützung nach London übergesiedelt war, und seinem Prokuristen Ludwig Löffler.[99] Das Verhältnis zum Mutterhaus in Berlin entspannte sich erst, als nach Carls erneuter Übersiedlung nach Rußland das Londoner Geschäft in eine Aktiengesellschaft umgewandelt wurde, auch wenn Werner von Siemens bedauerte, nunmehr in England nur noch finanzielle Interessen zu haben und die enge Verknüpfung mit dem Londoner Unternehmen aufgeben zu müssen. Vollends gelockert wurden die Beziehungen nach Wilhelms Tod 1883. Mit Ludwig Löffler, dem Wilhelm ein größeres Paket von Siemens Brothers-Aktien hinterlassen hatte, das er durch Zukäufe noch vergrößerte, kam es zu harten Auseinandersetzungen, die eine weitere Abstimmung zwischen den Häusern erheblich erschwerten, zumal letztlich Löfflers Pläne darauf hinausliefen, Siemens Brothers aus der Gesamtfirma herauszulösen. Absprachen über eine Aufteilung des Weltmarktes, der dem Londoner Haus freie Hand im Machtbereich des British Empire garantierte, blieben allerdings weiterhin in Kraft. Bis zum Ersten Weltkrieg machten sich die Siemens Unternehmen in Berlin und London auf dem Weltmarkt keine Konkurrenz.

Nach Carls Rückkehr nach Rußland belebte sich das dortige Geschäft wieder, ohne aber für Berlin jemals wieder die entscheidende Rolle zu spielen, die es während des Krimkriegs besaß. Carl war gegenüber der neuen Starkstromtechnik sehr aufgeschlossen und verkaufte in Petersburg mit wichtigem Prestigeerfolg große Beleuchtungsanlagen (zum Beispiel für den Newski-Prospekt und das Winterpalais). Jedoch war der erneute Erfolg in Rußland wieder nicht von Dauer. Nach Werners Rückzug aus dem Geschäft versuchte Carl vergeblich, das Petersburger Geschäft zu liquidieren und kehrte nach Werners Tod zur Unterstützung seiner Neffen in die Berliner Geschäftsführung zurück.

[99] Ausführlich zum Verhältnis Berlin – London: v. Weiher, Überseegeschäft.

Neben den Geschäften in London und Petersburg konnte im Ausland auch die Wiener Filiale schließlich mit Erfolg geführt werden. Ein Versuch, auch in Paris wieder mit einem eigenen Unternehmen, diesmal im Bereich der Beleuchtungstechnik, ins Geschäft zu kommen, scheiterte abermals. Zwar mieteten die Brüder 1878 Räume für eine eigene Werkstatt an und gründeten von London aus das Tochterunternehmen Siemens Frères, aber sie mußten die Firma 1886 mit erheblichen Verlusten liquidieren. Werner von Siemens hatte im Vertrauen auf sein persönliches Ansehen in Frankreich die Stärke antideutscher Ressentiments auf dem französischen Markt nach dem deutsch-französischen Krieg unterschätzt.

Die weitere Ausweitung des Auslandsgeschäftes erfolgte nicht mehr über Filialgründungen im Ausland. Da im Gegensatz zur ersten Phase in der Geschäftstätigkeit von S & H schon seit den 1860er Jahren ein sehr starker Rückgang vorfinanzierter Staatsaufträge zu verzeichnen war, wurden das Unternehmergeschäft und der Aufbau eines Vertreternetzes zu den beiden Säulen des Auslandsgeschäfts. Beide Formen waren mit gewissen Schwierigkeiten verbunden, die in den folgenden Kapiteln dargestellt werden sollen.

Unternehmergeschäft

Das Unternehmergeschäft, also die Finanzierung größerer Anlagen etc. durch das Unternehmen selbst oder eine von ihm abhängige Betreibergesellschaft, wurde seit den 1860er Jahren die maßgebliche Form der Geschäftsabwicklung im Telegraphengeschäft. Das erste große Projekt, das Siemens auf diese Art und Weise abwickelte, war die Indo-Europäische Telegraphenlinie.

Die Indo-Europäische Telegraphenlinie

Eine erste Telegraphenlinie nach Indien war bereits 1860 von der „Red Sea and India Telegraphy Company“ errichtet worden. An einigen Teilstrecken war Siemens während der Zusammenarbeit mit Newall & Co. als Prüfer beteiligt gewesen. Die Linie litt jedoch an zahlreichen Unzulänglichkeiten. Auch zwei weitere

Linien über den Landweg, über Persien und Rußland bzw. Persien und die Türkei, die seit 1865 in Betrieb waren, erwiesen sich als sehr störanfällig. Da die Depeschen auf den Zwischenstationen neu eingegeben werden mußten, die persischen oder russischen Beamten aber ihren Inhalt oft nicht verstanden, kamen sie vielfach bis zur Unkenntlichkeit verstümmelt beim Empfänger an. Außerdem arbeiteten wegen des häufigen Umtelegraphierens beide Linien sehr langsam.[100]

Werner von Siemens dachte daran, diese Probleme mit einer neuen Linie auszuschalten, die die Depeschen per Induktionsstrom vollautomatisch befördern sollte. Einen solchen Plan hegten die Brüder schon seit 1865, die Verwirklichung erwies sich jedoch als schwierig. Vor den technischen standen zunächst auch politische Hindernisse. So befürchtete England bei einer Linienführung durch Rußland einen Machtzuwachs des Zarenreiches und stand einer Zusammenschaltung nationaler Netze ablehnend gegenüber. Der preußisch-österreichische Krieg unterbrach zunächst die Verhandlungen der Brüder Siemens um Konzessionen. Nach Kriegsende verbesserte sich ihre Position jedoch nachhaltig, denn zwei Männer, zu denen Werner von Siemens gute persönliche Kontakte hatte, erhielten entscheidende Stellungen im Telegraphengeschäft: In Rußland wurde General von Lüders, der bereits das erste Rußlandgeschäft mit Siemens & Halske vermittelt hatte, im Oktober 1866 neuer Telegraphendirektor, und der preußische Amtsinhaber von Chauvin war im selben Jahr norddeutscher Telegraphendirektor geworden.

Nach einem Treffen der Telegraphendirektoren Champain (englisch-indische Telegraphenverwaltung), Chauvin und Lüders im April 1867 erhielten die Brüder Siemens im Herbst die preußische und die russische Konzession zum Bau der Linie. Eine eigene Kabellegung von Deutschland nach England war jedoch nicht möglich, da Preußen mit der Electric Company einen Vertrag geschlossen hatte, der ihr auf mehrere Jahre das alleinige Recht der Kabellegung sicherte. Eine ähnliche Vereinbarung gab es auch mit dem Telegraphenbüro Reuter für das ehemalige Hannoversche Staatsgebiet. Mit beiden Unternehmen konnte man sich einigen.

Besonders schwierig gestalteten sich die Verhandlungen mit Persien, das peinlichst vermeiden wollte, in zu starke britische oder

[100] Vgl. Pole, William Siemens, S. 177 ff, G. Siemens, Weg I, S. 58 f.

russische Abhängigkeit zu geraten. Außerdem sah der Schah in der Telegraphenkonzession eine willkommene Einnahmequelle und wollte sie so teuer wie möglich verkaufen. Als Unterhändler schickten die Brüder ihren zweitjüngsten Bruder Walter Siemens nach Teheran. Walter hatte sich nach dem Kauf des Kupferbergwerks Kedabeg in diesem „Privatgeschäft“ von Werner und Carl Siemens engagiert und war in Tiflis mit orientalischen Geschäftspraktiken vertraut geworden. Er wurde sogar zum deutschen Konsul in Tiflis ernannt und war von seinen Brüdern mit 20 % in Kedabeg beteiligt worden.[101] Seinen Auftrag in Teheran führte er mit großer Zähigkeit und Geschick aus. Nach mehrmonatigen Verhandlungen erhielt er zum Jahreswechsel 1867/68 eine Konzession für den Bau und Betrieb einer Telegraphenlinie von Djulfa nach Teheran.

Nachdem diese ersten Hürden aus dem Weg geräumt waren, mußte die Finanzierung des Linienbaus sichergestellt werden. Die Indo-Europäische Telegraphenlinie versprach ein wirtschaftlicher Erfolg zu werden. Die technischen Voraussetzungen waren jedoch erst im Entwicklungsstadium, und die Linienführung durch vier verschiedene Hoheitsgebiete barg auch nach dem Erhalt der Konzessionen noch zahlreiche Unsicherheiten. Werners ursprünglicher Plan, das Kapital privat zu beschaffen, ließ sich nicht umsetzen. Verhandlungen mit dem Bankier Rothschild, der drei Viertel der erforderlichen Summe zur Verfügung stellen sollte, und parallel geführte Gespräche mit Schaaffhausen und Mevissen führten zu keinem Ergebnis[102], so daß sich die Brüder Siemens entschlossen, das Projekt über den Aktienmarkt zu finanzieren. Zur Aufbringung des Kapitals wurde am 8. April 1868 die „Indo-European Telegraph Company“ (IET) als Aktiengesellschaft englischen Rechts mit einem Kapital von 450 000 £ gegründet. Siemens Brothers und Siemens & Halske übernahmen 20 % des Kapitals, die übrigen 80 % wurden zur Hälfte in England, zur Hälfte auf dem Kontinent zum Kauf angeboten. Die Brüder Siemens brachten zudem ihre Konzessionen ein und sicherten sich dafür den Bauauftrag zum Pauschalpreis von 400 000 £. Für den Unterhalt der Strecke sollte Siemens 34 000 £ jährlich erhalten. Der Verkauf der Aktien ging in Deutschland zügig, in England schleppend voran.

[101] Werner an Wilhelm, Berlin, 14. August 1867, SAA WP Briefe.

[102] Werner an Carl, 5. April 1867 und Werner an Wilhelm, 12. Mai 1867, in: Matschoß, Briefe I, S. 266 f., 270 f.

Die Indo-Europäische Telegraphenlinie sollte von allen Teilen des Siemens Gesamtgeschäftes gebaut werden. Berlin und St. Petersburg oblag die Bauausführung, während Siemens Brothers in London die Verlegung der Unterseekabel am Schwarzen Meer und die Anlieferung der Materialien übernahm. Da an drei Abschnitten gleichzeitig gebaut wurde, traten neben die technischen Probleme – die Vermeidung des Umtelegraphierens – besonders logistische. Eine erste Bedrohung für dieses größte Vorhaben, an das Siemens sich jemals gewagt hatte, war jedoch finanzieller Natur. Im Sommer 1868 tagte der drei Jahre zuvor in Paris gegründete Welttelegraphenverein in Wien, um neben technischen Fragen das Gebührenwesen zu regeln. Nach der Abreise von Werner von Siemens wurden mit den Stimmen seiner Konkurrenten, aber auch ohne Widerstand des russischen Telegraphendirektors von Lüders, die Gebühren für Depeschen von England nach Indien auf 71 statt 87,5 Franken gesenkt. Für die Strecke Djulfa – Teheran sollte außerdem die persische Regierung 5 Franken, für die Strecke Teheran – Buschir die britisch-indische Telegraphenverwaltung 8,5 Franken Gebühren erhalten.[103] Damit hatten alle Rentabilitätsrechnungen der Brüder Siemens ihre Gültigkeit verloren, denn in Anbetracht der hohen Abgaben für die Konzessionen war der Bau der Linie nunmehr ein Verlustgeschäft. Auch das Angebot der russischen Telegraphenverwaltung, ihre Konzessionsgebühren ein wenig zu senken, konnte daran nichts ändern.

Werner von Siemens sah den einzigen Ausweg darin, in Persien neu zu verhandeln und die Gebührenerhöhung dort rückgängig zu machen oder wenigstens zu mildern. Ein doppelt schwerer Verlust war unter diesen Umständen der Tod von Walter Siemens im Frühsommer 1868 an den Folgen eines Unfalls. Für Persien mußte also ein neuer Unterhändler gesucht werden, der das volle Vertrauen des Firmenseniors besaß. Man fand ihn in Georg Siemens, dem Sohn von Werners Vetter und vormaligem Kompagnon, der für die Brüder zur Zeit als Syndikus tätig war. Georg Siemens erwies sich als zäher Kämpfer: Er blieb acht Monate in Persien und drohte schließlich, die gesamte Linie an Großbritannien zu verkaufen. Damit hatte er schließlich Erfolg. Der Schah lenkte ein und akzeptierte ein jährliches Fixum von 12 000 Tomans.

[103] Vgl. G. Siemens, Weg I, S. 64.

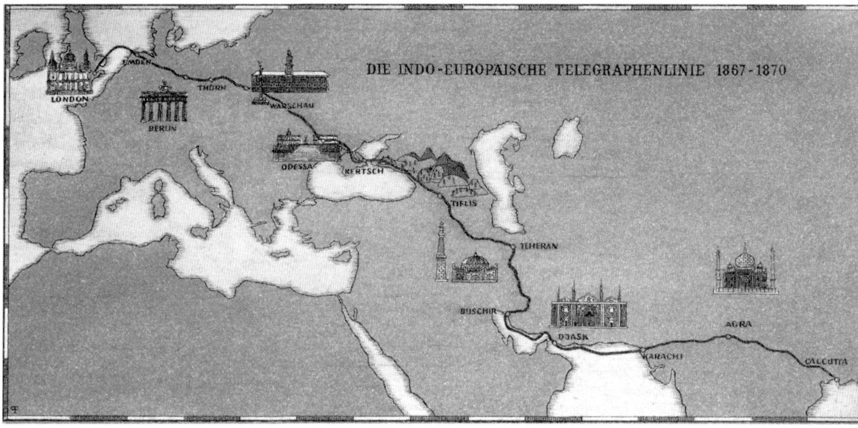

Bild 26 Die Indo-Europäische Telegraphenlinie, 1867–1870

Dank tüchtiger Bauleiter an den einzelnen Streckenabschnitten, denen Werner von Siemens weitgehend freie Hand gelassen hatte, sowie einer umsichtigen Gesamtkoordination, um die sich der neu eingestellte Telegrapheningenieur Karl Frischen und Carl Siemens verdient gemacht hatten, konnten die Bauarbeiten Anfang des Jahres 1870 erfolgreich abgeschlossen werden. Allerdings wurde die Linie noch nicht sofort in Betrieb genommen, denn der strenge Winter, aber auch die mangelhafte Schulung des Personals mit dem neuen Apparatesystem, dem Lochstreifentelegraph mit Kurbelinduktor, der weitere Handarbeit unnötig machte, verhinderten eine rasche Eröffnung. Da in der Zwischenzeit die „Great Eastern“ die Seekabelverbindung nach Indien wieder hergerichtet hatte, verfielen die IET-Aktien massiv im Wert, so daß Eile geboten war. Am 12. April 1870 konnte Wilhelm Siemens in London eine Sensation demonstrieren: Ein Telegrammwechsel vor geladenen Gästen von London nach Kalkutta, auf einer Strecke von 12 000 km, wurde binnen einer Stunde abgewickelt.

Werner von Siemens hatte somit sein technisches Ziel erreicht, nämlich „eine lange Normallinie herzustellen und in Gang zu bringen, welche zeigt, was die Telegraphie jetzt wirklich zu leisten imstande ist“[104] Darüberhinaus war er über Nacht ein berühmter Mann geworden.

[104] Werner an Carl, Berlin, 24. Januar 1867, SAA WP Briefe.

Der wirtschaftliche Erfolg des Indo-Europäischen Telegraphen war dagegen noch nicht gesichert. Schon am 1. Juli 1870 fiel das Seekabel durch das Schwarze Meer einem Erdbeben zum Opfer und mußte durch eine neue Landlinie ersetzt werden. Nach der Wiedereröffnung 1871 blieb die Linie dann mit Ausnahme einer Unterbrechung durch den Ersten Weltkrieg bis 1931 in Betrieb. Aus dem Bau der Linie inklusive der Nacharbeiten erzielten die Brüder Siemens in etwa den erwarteten Gewinn. Die Dividende für ihre beträchtliche Kapitalbeteiligung an der Indo-European Telegraph Company ließ jedoch auf sich warten. In den ersten Jahren reichten die Einnahmen kaum zur Kostendeckung.[105] Die

[105] Zahlen nach Verlust der Originaldokumente nach Ehrenberg, Unternehmungen, S. 264.

Bild 27 Kabelverlegung

Bild 28
Tastenschriftlocher für die Indolinie

Siemens-Firmen verzichteten daher zunächst auf die ihnen zustehenden Aktienerträge und erklärten sich schließlich damit einverstanden, so lange keine Dividende auf ihre Aktien zu erhalten, bis für die anderen Aktionäre mindestens 10% gezahlt werden konnten. 1886 lag die Dividende bei 10%. Langfristig gesehen erwies sich die Beteiligung an der Betriebsgesellschaft jedoch als lohnend, denn seit den 1880er Jahren erwirtschaftete die Telegraphengesellschaft kontinuierlich hohe Erträge.

Die „Eastern Telegraph Company", die die Konkurrenzlinie durch das Mittelmeer betrieb, versuchte, die IET immer wieder aufzukaufen. 1877 kam es schließlich gegen den anfänglichen Widerstand Preußens und Rußlands zu einem „joint purse arrangement", das die Eastern und ihr Seekabel zwar bevorzugte, aber gleichzeitig der Indo-Europäischen Linie eine ausreichende Beschäftigung garantierte. Da sich das Seekabel als wesentlich störungsanfälliger erwies, konnte die IET mehrfach wochen- oder monatelang den Telegraphenverkehr zwischen Europa und Indien allein abwickeln. Dies trug wesentlich zur Steigerung der Rentabilität der IET bei.

Längerfristig war neben der großen Bedeutung der Indo-Europäischen Linie für das Renommee des Hauses Siemens und neben den Gewinnen beim eigentlichen Linienbau auch die Kapitalinvestition für Siemens lohnend gewesen. Werner von Siemens hatte noch in der Krisenphase vor der Eröffnung der Linie an seinen Bruder Carl geschrieben:

„Wenn die Aktien auf die Hälfte fallen, werde ich trotzdem all mein disponibles Geld darin anlegen, denn unser Fundament ist die ausschließliche Konzession Rußlands und Preußens. Die submarinen Linien werden schon ihren Stoß bekommen.“[106]

Sein Stehvermögen und sein Selbstvertrauen hatten sich bei diesem Unternehmen in jeder Hinsicht ausgezahlt.

Das Transatlantikkabel

Noch wesentlich gewagter als der Bau und Betrieb der Indo-Europäischen Telegraphenlinie waren die Geschäfte, denen sich das Londoner Haus in den 1870er Jahren nahezu ausschließlich widmete: der Verlegung von Seekabeln. Ökonomisch, politisch und auch vom Prestigewert her vordringlich war die Herstellung einer Telegraphenverbindung nach Amerika. 1855 hatte der britische Regierungsbeamte Gisborne Neufundland mit Telegraphenlinien erschlossen. Schon ein Jahr später versuchte man von dort aus, eine Nachrichtenverbindung nach Europa herzustellen. 1856 wurde die Atlantic Telegraph Company mit einem Grundkapital von 350 000 £ gegründet. Der Amerikaner Cyrus Field übernahm 88 000 £, J.W. Brett 12 000 £, und der spätere Kabelkönig John Pender beteiligte sich in unbekannter Höhe. Die schnelle Zeichnung des Kapitals weist einmal darauf hin, wie dringlich die Einrichtung einer solchen Verbindung war, verdeutlicht aber auch die hohe Bereitschaft auf beiden Seiten des Atlantiks, Risikokapital zur Verfügung zu stellen.

Die Technik der Seekabellegung war zu diesem Zeitpunkt aber noch keineswegs ausgereift. Besonders mit Tiefseekabeln steckte man noch ganz in den Anfängen, wie die erfolgreichen und erfolglosen Versuche von Newall & Co. und Siemens & Halske im Mittelmeer zeigten. So waren denn auch die ersten Versuche mit einem Transatlantikkabel nicht dauerhaft erfolgreich. Das politische Interesse, eine solche Verbindung zustande zu bringen, war jedoch so groß, daß das englische Handelsministerium eine Kommission

[106] 10. Februar 1870, in: Matschoß, Briefe II, S. 318.

einsetzte, die mit dem Ingenieurstab der Atlantic Telegraph Company auf Fehlersuche ging. Unter den Experten, die 1861im Rahmen dieses Vorhabens angehört wurden, befand sich auch Wilhelm Siemens.

Erst 1866 konnten zwei Kabel erfolgreich in Amerika gelandet werden. Finanziert wurden sie von der Nachfolgerin der Atlantic Telegraph Co., der Anglo-American Telegraph Company, an der wiederum Cyrus Field maßgeblich beteiligt war. Um den Anforderungen für die Kabelfertigung gerecht zu werden, hatten der Kabelhersteller Glass & Eliott und die Guttapercha Co. zur „Telegraph Construction and Maintenance Company“ fusioniert, der John Pender als Chairman vorstand. Diese Gesellschaft hatte 315 000 der auf 600 000 £ veranschlagten Kabelkosten übernommen, während Field die restlichen 285 000 £ trug. Den beiden erfolgreichen Kabelverlegungen von 1866 war ein mißglückter Versuch vorangegangen. Das 1865 gesunkene Kabel konnte aber wieder geborgen werden. Zu Beginn der 70er Jahre war überdies noch ein Kabel in Betrieb, das die französische „Société du Cable Transatlantique Français“ 1869 von Brest via Neufundland in Massachusetts gelandet hatte. Eine marktbeherrschende Stellung der Pender-Gruppe, die einen starken Expansionsdrang zeigte, zeichnete sich ab. So versuchte Pender mehrmals, die IET aufzukaufen; er sicherte sich Produktionsstätten und den Einfluß auf Betriebsgesellschaften, um für seinen Trust, dem er den Namen „Globe“ gab, eine möglichst wirkungsvolle Monopolstellung zu schaffen.

Carl Siemens, der sich nach dem Tod seiner Frau Marie am 1. Februar 1869 entschlossen hatte, seine Arbeitskraft ganz in den Dienst von Siemens Brothers in London zu stellen, schlug nun seinen Brüdern vor, das Pender-Monopol zu durchbrechen und an die Verlegung eines eigenen Transatlantikkabels zu gehen. Wie bei der Indo-Europäischen Linie sollte daher eine eigene Bau- und Betriebsgesellschaft gegründet werden, die den Auftrag an Siemens Brothers vergeben sollte.

Im Unterschied zu den bislang via Neufundland laufenden Kabeln plante Carl eine direkte Kabelverbindung zwischen Europa und Nordamerika. Die Gesellschaft sollte deshalb den Namen „Direct United States Telegraph Company“ (DUS) erhalten. Wegen der durchaus gemischten Erfahrungen, die man mit der Verlegung von Tiefseekabeln gemacht hatte, schreckte Werner von Siemens zuerst vor dieser Idee zurück. Auch Wilhelm zögerte anfangs, hatte er doch bei der Kabellegung von Cartagena nach Oran beträchtliche Summen verloren. Da Carl sich jedoch erbot, sich der Sache ganz zu widmen und auch die Kabellegungen selbst zu leiten, willigten die Brüder schließlich ein.

Wieder gründete man eine Aktiengesellschaft englischen Rechts, durfte diesmal aber wegen der Übermacht von Penders „Globe" noch viel weniger auf englische Kapitalbeteiligung rechnen. Die Betriebsgesellschaft sollte über ein Aktienkapital von 1,3 Mio £ verfügen. Einen bedeutenden Anteil zeichneten die Brüder Siemens selbst, um die Ausgabe der restlichen Aktien bemühte sich die 1870 gegründete Deutsche Bank. Für Werner von Siemens erwies es sich als sehr vorteilhaft, daß Georg Siemens, der dorthin als Direktor gewechselt war, sich nachhaltig für das Projekt einsetzte und sogar bereit war, für eine Überschreitung seiner Handlungsvollmacht mit eigenem Vermögen zu haften.

1873 konnte man mit der Arbeit an einer ersten großen Transatlantik-Seekabellegung beginnen; das Kabel sollte von der Ballinskellig Bay in Irland bis Torbay in Nova Scotia verlegt werden. Von da aus sollte es weiter nach Rye Beach in New Hampshire gelegt werden und dort Anschluß an die amerikanischen Landlinien finden. Die Seekabel sollten in der Fabrik in Woolwich gefertigt werden, die unter Carls Leitung zu einem vollständigen Kabelwerk ausgebaut worden war. Bis 1871 hatte man sich dort auf das Verseilen und Armieren, also die letzten Verarbeitungsschritte, beschränkt.

Für den schwierigsten Teil des Projekts, die eigentliche Verlegung des Kabels, entwickelte Wilhelm ein spezielles Schiff, den Kabeldampfer Faraday, der am 17. Februar 1874 von Wilhelms Frau Anne Siemens getauft wurde. Der Dampfer verfügte über 5000 BRT, war 360 Fuß lang und hatte 36 Fuß Tiefgang. Im hinteren Teil des Schiffs konnten 1700 Meilen Kabel untergebracht werden.

Die Verlegung gestaltete sich als ein Abenteuer, das so nachhaltig in Werners Erinnerung blieb, daß es viele Seiten seiner 1891/92 abgefaßten Lebenserinnerungen füllt. Wilhelm Siemens und sein Manager Löffler nahmen persönlich daran teil, ebenso Carl, der als Leiter die Hauptlast der Verantwortung trug. Aber auch Werner von Siemens ließ es sich nicht nehmen, von Berlin aus wenig-

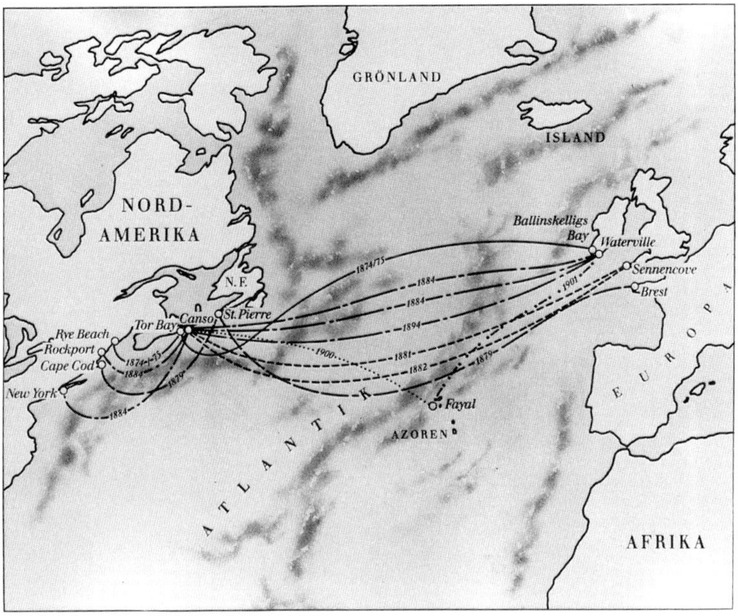

Bild 29
Von der „Faraday" verlegte Kabel im Nordatlantik

Bild 30
Kabeldampfer „Faraday"

Bild 31
Einladen des Kabels
auf dem Kabelverlegungsschiff
„Agamemnon"

stens bis Irland zur Ballinskellig Bay zu reisen und von dort aus die ersten Schritte zur Kabelverlegung selbst zu überwachen.[107]

Die Verlegung war reich an Zwischenfällen. Um eine technisch perfekte Leistung zu vollbringen, benötigten die Kabelleger drei Anläufe. Sabotage und Falschmeldungen, die vermutlich von der „Globe"-Konkurrenz initiiert wurden, ließen das Unternehmen zudem zur nervlichen Zerreißprobe werden. So behauptete Carl, der ja auch vor seinen Brüdern die Verantwortung für das Transatlantikkabel trug:

„Die fünf Jahre (in London, d.V.) kann ich wenigstens als zehn verlorene Lebensjahre rechnen. Ich bin hier geistig und körperlich auf den Hund gekommen."[108]

Wie bei der Indo-Europäischen Telegraphenlinie konnten die Brüder schließlich eine technisch perfekte Leistung vorweisen: Das Siemens'sche Transatlantikkabel arbeitete zuverlässig und mit hoher Sprechgeschwindigkeit. Auch für Siemens Brothers in London hatte sich das Geschäft gelohnt. Trotz zahlreicher Nachbesserun-

[107] Eine ausführliche Schilderung seiner Empfindungen gibt Werner Siemens in den Lebenserinnerungen, S. 279 f.

[108] Zitiert nach Heintzenberg, Carl Siemens, S. 105.

gen war die Ertragslage der Zweigfirma gut, und eine Reihe von Anschlußaufträgen, die der Erfolg mit sich brachte, sicherte auch weiterhin gute Ergebnisse.[109]

Trotz dieser erfreulichen Bilanz war der „Direct United States Telegraph Company“ kein Erfolg beschieden. Auch ein Sanierungsversuch, bei dem sie in die „Direct United States Cable Company“ umgewandelt wurde, konnte sie nicht mehr retten. Die Konkurrenz des Pender-Trusts erwies sich als zu stark und mächtig, so daß die Betriebsgesellschaft schließlich kapitulieren und sich von Pender aufkaufen lassen mußte. Einen großen finanziellen Verlust erlitt dabei Georg Siemens, der für einen beträchtlichen Teil des Aktienkapitals die persönliche Haftung übernommen hatte. Die Globe-Gruppe konnte damit für einige Zeit tatsächlich ein Monopol im Telegraphen-Verkehr zwischen Europa und Amerika begründen, denn das französische Kabel wurde 1876 funktionsunfähig.

In der Telegraphenbranche hatte sich somit der Einstieg in das Unternehmergesschäft als äußerst riskant erwiesen. Bei der Indo-Europäischen Telegraphenlinie rentierte sich die Kapitalanlage erst langfristig, beim DUS-Kabel mußte man Verluste hinnehmen. Werner von Siemens war sich dieser Unsicherheiten durchaus bewußt. Im Gegensatz zu seinem früheren Kompagnon Halske war er aber bereit, solche Risiken einzugehen, nicht zuletzt, um das technische Niveau seines Unternehmens unter Beweis zu stellen. Gerade die Seekabelprojekte blieben auch bis auf weiteres unberechenbar. Die Aufträge, die Siemens Brothers nach der Verlegung des DUS-Kabels von französischen und amerikanischen Gesellschaften erhielt, die sich in Konkurrenz zur Pender-Gruppe formiert hatten, konnten mit sehr wechselhaftem Erfolg häufig erst nach mehreren Anläufen erfüllt werden. So hatte man sowohl bei der Verlegung eines Kabels vor der brasilianischen Küste im Jahre 1874, als auch bei der unter Ludwig Löfflers Leitung erfolgten Verlegung eines französisch-atlantischen Kabels 1879 mit großen Schwierigkeiten zu kämpfen. Die harten Geschäftsbedingungen, die Carl Siemens zu der Einsicht bewegten, im Kabelgeschäft habe man es vor allem mit „Machern und anderen Lumpen“[110] zu tun, trugen ein übriges dazu bei, die Brüder Siemens „kabelmüde“ werden zu lassen. Mit der Umwandlung von Siemens Brothers in eine

[109] Zur finanziellen Entwicklung von Siemens Brothers vgl. auch die Tabelle im Anhang.

[110] Zitiert nach Heintzenberg, Carl Siemens, S. 111.

Aktiengesellschaft 1880 und mit Carl Siemens' erneuter Übersiedlung nach Rußland endete das starke persönliche Engagement der Brüder im Kabelgeschäft. Unter der Leitung von Ludwig Löffler, der nach Wilhelms Tod 1883 die Leitung des Londoner Geschäfts übernahm, konnten allerdings noch eine Reihe weiterer Kabellegungen erfolgreich ausgeführt werden. So erhielt man 1881 einen Auftrag des amerikanischen Eisenbahnkönigs Gould und 1884 einen Auftrag der Amerikaner MacKay und Bennett für die Verlegung von Transatlantikkabeln. Die Umwandlung zur Familienaktiengesellschaft, in der Löffler eine beherrschende Stellung einnehmen konnte, führte allerdings zu einer Verschärfung der auch schon unter Wilhelms Ägide bestehenden Konflikte zwischen dem Londoner und dem Berliner Geschäft. Die Wurzel dieses Konfliktes ist im unternehmerischen Selbstverständnis von Werner von Siemens zu suchen; auf diesen Konflikt, der erst Ende der 1880er Jahre beigelegt werden konnte, soll später noch näher eingegangen werden.

Marktstrategien beim Starkstrom

Werner von Siemens hatte schon seit längerem seinen Interessenschwerpunkt auf die kommerzielle Nutzung der Starkstromtechnik verlagert. Seine Dynamomaschine war durch Erfindungen von Théophile Gramme und seines eigenen Chefkonstrukteurs Friedrich von Hefner-Alteneck allmählich zu größerer Leistungsfähigkeit und Belastbarkeit verbessert worden. Einziges Einsatzfeld in diesen ersten Jahren war die Beleuchtung zu militärischen Zwekken und beim Küstenschutz (Leuchttürme).[111] Etwa um 1878 war die Entwicklung soweit fortgeschritten, daß an eine zivile Nutzung in größerem Umfang gedacht werden konnte. Große Anwendungsgebiete für die Starkstromtechnik bildeten die Beleuchtungstechnik, die elektrische Eisenbahn und vielfältig zu nutzende Elektromotoren. Doch im Gegensatz zum Telegraphengeschäft bildeten sich in der Starkstromtechnik rasch eine Vielzahl kleinerer Unternehmen, die in ihren jeweiligen Spezialgebieten mit S & H in Konkurrenz traten. Siemens und später die AEG waren die einzigen Universalunternehmen in Deutschland, die in allen Sparten der Elektrotechnik tätig waren.

---

[111] Sehr ausführlich zu den technischen Einzelheiten G. Siemens, Weg I, S. 89–107.

Ein weitere Schwierigkeit entstand dadurch, daß verschiedene Einsatzmöglichkeiten miteinander konkurrierten, von denen über längere Zeit nicht klar war, welche sich durchsetzen würde. Am deutlichsten war dies bei der Beleuchtungstechnik. Zunächst befand sich das elektrische Licht in Subsistenzkonkurrenz zum Gaslicht, dann konkurrierten Bogen- und Glühlicht miteinander.

Werner von Siemens hatte zunächst stark auf das Bogenlicht gesetzt, zu dem S & H eigene Entwicklungsarbeit geleistet hatte. So hatte Friedrich von Hefner-Alteneck mit der Differentiallampe nochmals das von dem in Paris lebenden Russen Jablochkoff zur Marktreife gebrachte Bogenlicht verbessert. S & H hatte vor dieser Weiterentwicklung 1878 bereits mit der von Jablochkoff gegründeten Société Générale d'Electricité verhandelt, um für Deutschland das Recht zu erwerben, Bogenlampenanlagen nach dem Jablochkoff-Prinzip zu installieren. Auch in Frankreich selbst wollte S & H wieder gerne tätig werden und dort erneut eine Filiale eröffnen, um in den vollen Genuß des französischen Patentschutzes zu kommen. Nach Hefners Erfindung kamen Werner von Siemens zwar Zweifel, ob ein Vertrag mit der Société noch sinnvoll sei; er schloß aber Mitte des Jahres 1878 doch noch einen Vertrag, der der französischen Gesellschaft die Hälfte des Installationsverdienstes sicherte und S & H in der Preisgestaltung an ihre Vorgaben band. Der Erfolg der Hefnerschen Differentiallampen bewog Werner von Siemens allerdings, schon bald wieder auf Distanz zur Jablochkoff-Gesellschaft zu gehen, obwohl diese sich Anfang

Bild 32
Fahrbare elektrische Beleuchtungsanlage, 1873

1879 bereit erklärt hatte, statt mit Gramme-Maschinen fortan mit Maschinen von S & H zu arbeiten.

Werner von Siemens wollte sowohl mit der Lampenproduktion als auch mit dem Bau von Generatoren für Beleuchtungsanlagen gerne in das Geschäft einsteigen. Eine erste Versuchsinstallation von Bogenlampen in Berlin 1879 verlief erfolgreich und sicherte dem Unternehmen auch Anschlußaufträge. Dabei wurden noch keine Elektrizitätszentralen eingerichtet, sondern für jedes Projekt gesondert Generatoren geliefert. Eine Finanzierung über Betriebsgesellschaften erübrigte sich damit vorerst.

Konkurrenz im Starkstromgeschäft

Die mit großem Werbeaufwand erfolgte Präsentation des von Edison entwickelten Glühlichts 1881 in Paris läutete jedoch das Ende der Bogenlichtära ein. Dieser Entwicklung konnte sich schließlich auch Werner von Siemens nicht mehr verschließen, obwohl er sich anfangs sehr abwertend über das Glühlicht geäußert hatte.[112]

Thomas Alva Edison verwertete seine Erfindung hauptsächlich über Lizenzvergabe. Als Patentverwertungsgesellschaft für Europa existierte in New York die Edison Electric Light of Europe Co., die wiederum als Muttergesellschaft vier europäische Tochterfirmen besaß: Die Edison Electric Light Co. in London hatte das Patentverwertungsrecht für England, die Compagnie Continentale Edison in Paris die Rechte für das übrige Europa. Aufgabe der Société Electrique Edison war die Errichtung von Zentralstationen, während schließlich die Société Industrielle et Commerciale Edison mit der Herstellung von Lampen, Maschinen und anderem Zubehör befaßt war. Die letzteren Gesellschaften hatten ebenfalls ihren Sitz in Paris. Auf der Ersten Internationalen Elektrizitätsausstellung in Paris 1881 hatte das Glühlicht Emil Rathenau so nachhaltig überzeugt, daß er sich in Deutschland stark für die Gründung einer Gesellschaft zur Verwertung des Edisonlichts einsetzte. Mit Hilfe verschiedener Bankhäuser gelang es Rathenau 1882, eine Studiengesellschaft ins Leben zu rufen, die sich zunächst nur mit Erprobungen und Entwicklungen auf dem Gebiet der

[112] Werner an Wilhelm, Berlin, 5. Dezember 1878, in: Matschoß, Briefe II, S. 582: „Wenn Edisons Sache weiter nichts ist, so ist es nicht viel."

elektrischen Beleuchtung befassen sollte. Schon kurze Zeit später tauchten aber Überlegungen auf, die Studiengesellschaft in ein wirtschaftlich arbeitendes Unternehmen zu überführen, das die Edison-Lizenzen für Deutschland innehaben sollte. Zu den Gründungsverhandlungen wurde auch Werner von Siemens gebeten, da man das neue Unternehmen nicht gleich in einen Gegensatz zu S&H bringen wollte. Nach den Vorstellungen von Werner von Siemens sollte die im März 1883 gegründete „Deutsche Edison-Gesellschaft für angewandte Elektrizität" (DEG) in erster Linie ihre Rolle als Abnehmerin von S&H-Produkten finden und für Siemens als eine „Installationsagentur" arbeiten.[113]

Diese Überlegung erwies sich allerdings als völlige Fehlkalkulation. Emil Rathenau war keineswegs bereit, die ihm zugedachte Rolle zu übernehmen und versuchte schon nach kurzer Zeit, das Image seiner Gesellschaft als einer Installationsagentur für S&H abzuschütteln. Er schlug im Gegenteil den Kurs einer aggressiven Wachstumspolitik ein, der mit der Betriebsübernahme der Berliner Elektrizitätswerke begann und sich mit einer Expansion in nahezu alle Bereiche der Elektrotechnik fortsetzte.

Diese Entwicklung wurde dadurch begünstigt, daß die Unternehmenspolitik von S&H stärker am technischen als am betriebswirtschaftlichen Optimum sowie mit einer vorsichtigen Expansion nicht zuletzt an den Interessen und Möglichkeiten der Eigentümerfamilie orientiert war.[114]

Dadurch war mit der 1883 erfolgten Gründung der ‚Deutschen Edison-Gesellschaft für angewandte Elektricität' – ab 1887 Allge-

---

[113] So schrieb Werner am 8.März 1883 an seinen Bruder Wilhelm: „In Wirklichkeit wird die Deutsche Edison-Gesellschaft daher eine Installationsagentur zur Aufstellung von uns fabrizierter Maschinen und unseres sonstigen (Leitungs- usw.) Materials sein." Vgl. Matschoß, Briefe II, S. 771.

[114] Vgl. Wilhelm von Siemens: „Treibhauswachsen steht im Widerspruch mit der Grundlage, auf welcher das Siemens'sche Gesamtunternehmen basiert. Es wird das verständlich, wenn man bedenkt, daß bei der Trägerin des Majoritätsbesitzes von S&H-Aktien, der Familie Siemens, welche auf die Leitung einen maßgebenden Einfluß ausübt, nicht der Wunsch bestehen kann, das Aktienkapital der Gesellschaft zu erhöhen. In der Tat ist hier eine konservative und reine Fabrikantenpolitik gemacht worden." Vgl. SAA 4/Ld 147. An anderer Stelle drückte Wilhelm von Siemens die unterschiedliche Geschäftspolitik der AEG gegenüber Siemens wie folgt aus: „Irgendeine hervorragende Leistung als Ingenieur im ganzen Leben und Wirken Rathenaus kann ich nicht finden, was man als eines Ingenieurs würdig kennzeichnen könnte, also eine Leistung, die ihn als Erfinder oder Konstrukteur auf neuen, vorher nicht gekannten Bahnen erscheinen ließe. Was er auf technischem Gebiet geleistet hat, ist lediglich das Verpflanzen amerikanischer Konstruktionen und amerikanischer Fabrikationsmethoden auf deutschen Boden und deren natürliche Weiterentwicklung." Vgl. SAA 11/Lb 569.

meine Elektricitäts-Gesellschaft (AEG) – durch Emil Rathenau (1838–1915), die sich zunächst auf die Auswertung von Edisons Glühlampenpatenten stützte[115], Siemens & Halske erstmals ein ernstzunehmender Konkurrent erwachsen, mit dem man jedoch zunächst auf vertraglicher Basis kooperierte, da Werner von Siemens in dieser Gründung im wesentlichen ein Finanzierungsinstitut und weniger einen potentiell gefährlich werdenden Konkurrenten sah.[116]

Neben der AEG entwickelte sich die 1873 von Sigmund Schuckert gegründete Firma Schuckert & Co. von einem kleinen Spezialunternehmen für den Bau von Scheinwerfern zu einem starkstromtechnischen Unternehmen mit Weltgeltung. 1883 produzierte Schuckert bereits 233 Dynamomaschinen und über 1000 Bogenlampen. 1887 begann man mit dem Bau der ersten Zentralstationen. Sicher hatte Sigmund Schuckert nicht den weiten Horizont und die Fähigkeit abstrakten Denkens wie Werner von Siemens, nicht den geschäftlichen Mut Emil Rathenaus und auch nicht die Cleverness Thomas Alva Edisons, bei dem er am Anfang seiner beruflichen Laufbahn gearbeitet hatte, doch zeichneten ihn technisches Verständnis und der Blick für die Möglichkeiten des Marktes aus.[117]

In den 1880er Jahren war Schuckert & Co. neben Siemens & Halske die herausragende Großfirma. In den 1890er Jahren setzte die 1888 in eine Kommanditgesellschaft und 1893 in die Elektrizitäts-

---

[115] Die Deutsche Edison-Gesellschaft erwarb durch einen Vertrag vom 13. März 1883 von Edison und seinen Rechtsnachfolgern das ausschließliche Recht der Ausnutzung der Edison-Erfindungen im Gebiet des Deutschen Reiches. Emil Rathenau wollte die von Werner Siemens in ihrer Bedeutung nicht völlig erkannte elektrische Glühlichtbeleuchtung systematisch in Berlin und in Deutschland einführen. In den USA hatte H. Goebel bereits 1854 für eigene Zwecke Glühlampen hergestellt, doch hatte sich eine größere Nachfrage zunächst nicht entwickelt.

[116] Siemens & Halske nahmen Lizenzen auf die von der AEG genutzten Edison-Patente, während sich die Deutsche Edison-Gesellschaft vertraglich verpflichtete, Siemens & Halske die Fabrikation von Dynamomaschinen, Motoren, Kabeln und Geräten zu überlassen. S & H verzichtete zugunsten der Deutschen Edison-Gesellschaft auf das Recht, Zentralstationen zu bauen. Aufgrund dieser vertraglichen Festlegungen entwickelte sich Siemens & Halske immer mehr zu einer Spezialfirma für die Ausrüstung von Zentralanlagen.
Nachdem es bereits 1887 zu einer Revision des von beiden Seiten schon bald nach seiner Unterzeichnung als hinderlich angesehenen Vertrags gekommen war, wurden 1894 alle vertraglichen Verpflichtungen aufgehoben.
Zum Schriftwechsel in dieser Angelegenheit mit ausführlicher Darlegung der Gründe vgl. SAA 29/Li 435; 46/Lh 287; AEG-Archiv Protokolle des Aufsichtsrats-Ausschusses; Archiv Deutsche Bank Bestand AEG S 76 und 79; 50 Jahre AEG. Als Manuskript gedruckt. o.O.o.J., S. 39 ff.

[117] Vgl. zu den Anfängen der Firma Schuckert vor allem: Keuth, Schuckert.

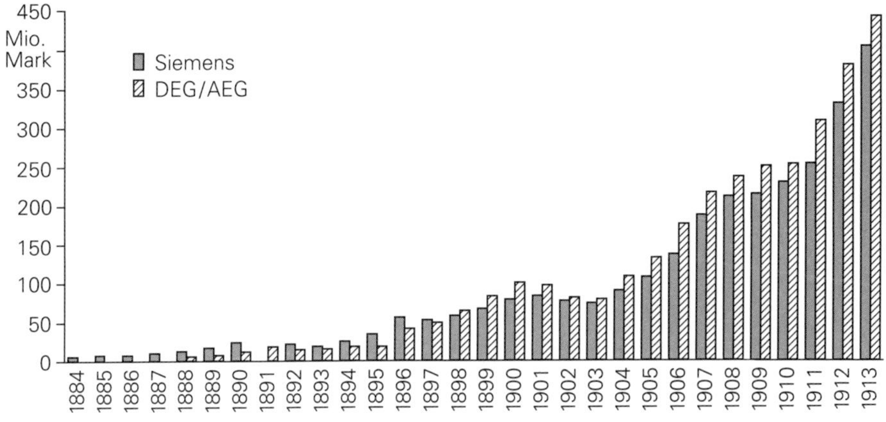

Bild 33 Umsatz Siemens AG und DEG/AEG

AG vorm. Schuckert & Co. (EAG) umgegründete Firma mit insgesamt 120 Einrichtungen mehr Zentralen in Betrieb als Siemens & Halske und die AEG zusammen.[118]

Auf die veränderte Marktsituation versuchte Werner von Siemens mit der Bildung von Kapitalgesellschaften, die S & H weiterhin den Absatz ihrer Produkte garantieren sollten, zu reagieren. Es gelang ihm jedoch nicht, deutsche Banken oder Finanziers für eine Gesellschaft mit dem Namen „Deutsche Elektrizitätswerke" zu gewinnen, die den Bau von Zentralstationen im Ausland betreiben sollte und an der S & H sich mit einer Million Mark beteiligen wollte. Die Unternehmenspolitik Rathenaus, sich an Beleuchtungsgesellschaften zu beteiligen, erwies sich als erfolgversprechender, so daß S & H im Beleuchtungsgeschäft in der zweiten Hälfte der 1880er Jahre immer mehr an Boden verlor.

Ähnlich wie auf dem Starkstromgebiet kam es auch auf dem Gebiet des Nachrichtenwesens nach der Einführung des Fernsprechverkehrs durch die Reichspost zur Gründung von Konkurrenzunternehmen für Siemens & Halske, eine Entwicklung, die von der Reichspost im Interesse eines verstärkten Wettbewerbs und in der

[118] Nachdem der Techniker Sigmund Schuckert in der Anfangsphase des Unternehmens das Schwergewicht auf die Produktionsseite gelegt hatte, wurde mit dem vollständigen Eintritt des ursprünglich als Generalvertreter für Mittel- und Norddeutschland tätigen Alexander Wacker in die Geschäftsleitung die finanzwirtschaftliche Betätigung und das Unternehmergeschäft stärker betont. Vgl. SAA 28/Li 987; Cohen, Schuckert, S. 39 f.

Hoffnung auf bessere Bezugsbedingungen nachhaltig gefördert wurde. 1879 wurde die Firma Mix & Genest, wenige Jahre später die Vorläuferfirma der späteren ‚Deutsche Telephonwerke und Kabelindustrie AG' gegründet.[119]

Die elektrische Bahn und der Bau von Elektrizitätswerken

Schwierigkeiten traten auch bei der Finanzierung elektrischer Eisenbahnen auf, die eine Lieblingsidee von Werner von Siemens waren. Schon 1867, kurz nach seiner Entdeckung des dynamoelektrischen Prinzips[120], hatte er die Idee elektrischer Straßenbahnen verfochten, die ihm neben der Verwendung im Bergbau als ein

[119] Aufgrund des zunächst geringen Kapitalbedarfs war die offene Handelsgesellschaft die ursprüngliche Gesellschaftsform der elektrotechnischen Unternehmen. Am Ende der 1880er Jahre erfolgte häufig eine Umwandlung in eine Kommanditgesellschaft. Mit dem raschen Wachstum der Elektroindustrie in den 1890er Jahren wurden zahlreiche Unternehmen in Aktiengesellschaften umgewandelt. Die AEG, die Union Elektrizitätsgesellschaft und der Helios waren von Anfang an als Aktiengesellschaften gegründet worden. Vgl. Fasolt, Elektrizitätsgesellschaften. S. 3 f.

[120] Faraday hatte 1831 gezeigt, daß man durch Bewegen einer Spule im Magnetfeld elektrische Spannungen erzeugen kann. Bald darauf wurden die ersten magnetelektrischen Maschinen gebaut, bei denen ein Anker im Feld eines Permanentmagneten rotierte. Bedingt durch deren geringe Feldstärke wurden jedoch nur kleine elektrische Leistungen erreicht. Werner Siemens erkannte, daß man auf die Permanentmagnete verzichten und mit Weicheisenkernen ausgerüstete Maschinen bauen konnte, da im Weicheisen soviel Restmagnetismus zurückbleibt, daß man beim Andrehen des Ankers eine zunächst kleine Spannung erzeugen kann. Nachdem man teilweise schon vorher zur Felderzeugung in den Generatoren fremderregte Elektromagnete statt der Permanentmagnete verwendet hatte, gelang damit die grundsätzliche Ausnutzung des remanenten Magnetismus und des Selbsterregungsvorgangs für den Bau leistungsfähiger Stromerzeuger. Läßt man den Ankerstrom den Elektromagneten durchlaufen, wird im Weicheisenkern ein Feld aufgebaut, das nun seinerseits wieder den Ankerstrom verstärkt. Die Selbsterregung der Maschine setzt damit ein. Bei seinen Arbeiten an der Dynamomaschine kamen Werner Siemens seine Erfahrungen mit dem Doppel-T-Anker zugute, den er 1856 entwickelt hatte, als er wegen der Verlängerung und Zunahme der Telegraphenstrecken nach Möglichkeiten gesucht hatte, die für den Betrieb notwendigen teuren Batterien durch andere Stromquellen zu ersetzen.
Wenn auch der Prototyp der ersten von Werner Siemens gebauten, mit dem Doppel-T-Anker ausgestatteten Dynamomaschine mit einer Leistung von maximal 50 W nur ein Experimentiergerät war, das bestenfalls Meßergebnisse lieferte, haben die schnell erreichten Verbesserungen dieser Basisinnovation innerhalb weniger Jahre die Grundlage für die bald darauf einsetzende Entwicklung der Starkstromtechnik geschaffen, mit deren Hilfe elektrische Energie in großen Mengen wirtschaftlich erzeugt und verteilt werden konnte. Ende 1875 war der Trommelanker mit mehrteiligem Kommutator so weit entwickelt, daß bei Siemens & Halske eine Dynamoreihe bis etwa 5 kW Leistung fabrikationsreif war und in einer Preisliste zusammengestellt werden konnte. 1877 verkaufte Siemens bereits 91 Dynamos, im folgenden Jahr 271 und 1879 bereits 351. Bei einer etwa gleichbleibenden Zahl verkaufter Maschinen stieg in den Folgejahren deren Größe erheblich an. Um die Jahrhundertwende baute man bereits Generatoren bis etwa 1000 kW.

Bild 34
Pferdeomnibus in Berlin,
ca. 1850

Bild 35
Berliner Straßenbahn
„Spandauer Berg“, 1882

vielversprechendes Einsatzfeld für elektrische Bahnen erschienen. Auf der Berliner Gewerbeausstellung 1879 präsentierte S & H die erste elektrische Lokomotive mit einem Wagenzug. Obwohl sie sich eines großen Publikumsinteresses erfreuen konnte, blieb der Absatz elektrischer Bahnen sehr schwierig. Ein Hauptproblem war technischer Natur: Die Stromzuführung erfolgte durch eine Mittelschiene, so daß viele Projekte sich wegen der Sicherheitsbedenken kommunaler Behörden zerschlugen. Der Stromabnehmerbügel wurde erst Mitte der 1880er in den USA von Frank Sprague entwickelt, der damit durchschlagenden Erfolg hatte.

Ein weiteres Problem lag in der Finanzierung. Obwohl S & H bereit war, sich wie im Telegraphengeschäft an Betriebsgesellschaften für elektrische Bahnen zu beteiligen, fand man nur selten Finanzierungspartner. So scheiterten die Bemühungen von Werner von Siemens, die Deutsche Bank für die Gründung einer Deutsch-Österreichischen Bahnengesellschaft zu gewinnen, die als Finanzierungsgesellschaft der Firma S & H den Bau elektrischer Straßenbahnen ermöglichen sollte. Siemens wollte sich an dieser Gesellschaft selbst beteiligen und ihr den Ertrag der Siemens'schen Eisenbahnpatente für Deutschland, Österreich, Italien und eventuell für Rußland überschreiben.

Nachdem in den 1880er Jahren die Grundlagen der Starkstromtechnik ausgebildet worden waren und sich die Dynamomaschine im Dauerbetrieb bewährt hatte, sah die Elektroindustrie die Voraussetzungen als gegeben an, ganze Städte mit Hilfe von Block- und Zentralstationen zu elektrifizieren. Die Unternehmen mußten aber bald erkennen, daß zur Verwirklichung ihrer weitreichenden Pläne neue Geschäftsformen notwendig waren. Gerade in der Elektroindustrie fiel der Angebotsseite bei der Umsetzung des technischen Fortschritts die autonome Aufgabe zu, in Anlehnung an die erfinderischen Möglichkeiten technologisch fortschrittliche Güter bereitzustellen, die der Nachfrageseite ihren latenten Bedarf bewußt machten. Für fast alle grundlegenden Neuerungen mußte erst unter schwierigen Bedingungen ein Markt aufgebaut werden, da die Elektrizität an sich kein Verbrauchsobjekt ist. Die Stadtverwaltungen hielten sich wegen der Neuheit der Elektrizität und der fehlenden Erfahrungen über ihre wirtschaftlichen Auswirkungen noch mit der Auftragserteilung zurück und waren nur bereit, Genehmigungen für elektrische Anlagen zu erteilen.[121]

[121] Vgl. Henniger, Elektrifizierung, S. 81.

Wenn die Elektroindustrie ihren Absatz steigern wollte, mußte sie daher wegen der noch weithin verbreiteten Skepsis gegenüber ihren Produkten und Möglichkeiten bei der Vermarktung andere Wege als die älteren Industriezweige beschreiten und zunächst auch die Funktion von Elektrizitätsversorgungsunternehmen übernehmen. Wegen der beim Bau von Elektrizitätswerken beträchtlichen, langfristig gebundenen Mittel sah man die Einschaltung einer von der Fabrikation getrennten, aber doch von der Muttergesellschaft beeinflußten Finanzierungs- und Betriebsgesellschaft als geeignete Lösung des Finanzierungsproblems an.[122]

Die bei der Gründung der AEG erst in Ansätzen erkennbare Tendenz, den Absatz dadurch zu steigern, daß ein Elektrounternehmen gleichzeitig als Hersteller von elektrischen Einrichtungen, als Elektrizitätslieferungsunternehmen und als Finanzierungsgesellschaft fungierte, wurde zunehmend von anderen Firmen aufgegriffen, nachgeahmt und im gegenseitigen Wettbewerb übersteigert. Dieses sogenannte Unternehmergeschäft, das sehr hohe Anforderungen an die Kapitalausstattung der Elektrounternehmen stellte, versprach wegen des erwarteten wachsenden Stromverbrauchs sehr hohe Erträge.[123] Gefördert durch die im Unter-

---

[122] Im Jahre 1894 gründeten mehrere Banken die ‚Gesellschaft für elektrische Unternehmungen', um die Unternehmergeschäfte der Union zu finanzieren. Innerhalb weniger Jahre hatten sich dann alle großen Elektrounternehmen zumindest eine dieser Finanzierungsgesellschaften geschaffen. Vgl. Feldenkirchen, Finanzierung, S. 103.

[123] Vgl. auch die Ausführungen in den Lebenserinnerungen von Felix Deutsch, dem späteren Generaldirektor der AEG: „Besonders die jüngeren unter diesen Firmen waren der Meinung, daß das Unternehmergeschäft der AEG sehr einfach und sichtlich sehr lukrativ sei, und fingen an, sich lebhaft damit zu beschäftigen. Während wir jedoch mit großer Vorsicht und Zurückhaltung arbeiteten, stürzte sich die Konkurrenz, obgleich – oder weil – ihnen Kräfte und Erfahrungen auf technischem, kommerziellem und organisatorischem Gebiet nicht entfernt in gleichem Maße zur Verfügung standen wie uns, unüberlegt und wild auf jede Konzession, bewilligte unsinnige Abgaben an die Städte und unmögliche Bedingungen für den Übergang der Anlagen an diese. Dazu kam, daß wir in den Verträgen mit den Tochtergesellschaften den Nutzen für unsere Lieferungen stets sehr niedrig zu bemessen pflegten, weil wir immer die Rentabilität der Unternehmungen berücksichtigten; denn von Anfang an war es uns klar, daß wir unsere Liquidität nicht dauernd durch eigene Finanzierung großer Zentralstationen halterieren dürften. Vielmehr wollten wir das System verfolgen, solche Stationen mit Hilfe unserer Geldmittel einzurichten, sie aber möglichst bald selbständigen Gesellschaften zu überlassen, um so unser Kapital immer wieder für neue Unternehmungen flüssig zu machen. Wir mußten also darauf achten, nur gesunde und lebensfähige Unternehmen in die Welt zu setzen, während die Konkurrenz im Gegenteil ihr Hauptgeschäft darin sah, hohe Preise an die Tochterunternehmungen zu berechnen, dadurch der Muttergesellschaft große Gewinne zuzuführen, ohne jede Rücksicht auf die Rentabilität der Anlagen ..." Zitiert nach Unterlagen des Leo Baeck-Instituts New York.

nehmergeschäft steckenden Möglichkeiten stieg die Zahl der in Deutschland vorhandenen Elektrizitätswerke in den Jahren 1895 bis 1900 von 180 auf 774, die Zahl der elektrisch betriebenen Bahnen von 47 auf 156.[124]

Bei der Abwicklung der Geschäfte lief letztlich alles darauf hinaus, daß die Elektrounternehmen die Lieferungen dem Abnehmer zunächst kreditierten, sich in Wertpapieren bezahlen ließen und diese dann mit Gewinn abstießen. Wenn alles nach Wunsch lief, verdiente die Elektroindustrie zunächst an den Lieferungen, dann an den Wertpapieren und häufig noch an der Verwaltung der neugeschaffenen Elektrizitätsunternehmen. Nicht alle Unternehmen beherrschten ein so kompliziertes und risikoreiches Finanzierungsgeschäft mit der gleichen Sicherheit. Schwerwiegende Verluste zwangen daher viele Unternehmen unter den beherrschenden Einfluß der Banken oder zu einem Zusammengehen mit anderen, meist größeren Partnern.[125]

Bau und Finanzierung der elektrischen Straßenbahnen erfolgten in ähnlicher Weise wie bei den städtischen Zentralen. Bei der Weltausstellung in Paris 1881 hatte Siemens eine elektrische Trambahn ausgestellt, doch dauerte es bis 1889, ehe durch die Entwicklung des Bügelstromabnehmers durch den Siemensingenieur Walter Reichel ein wichtiges konstruktives Problem gelöst wurde. In der Folgezeit stiegen die Investitionen in den öffentlichen Nahverkehr rasch an.[126] 1891 gab es in drei Städten elektrische Straßenbahnen; 1896 waren es schon 42 Bahnen mit einer Streckenlänge von 582 km und 1903 betrug das elektrische Nahverkehrsnetz 3692 km in 134 Städten.[127]

---

[124] Die ersten Gründungen wie die Berliner Elektrizitäts-Werke konzentrierten sich auf die Bereitstellung elektrischer Beleuchtung und dienten erst nachrangig der Versorgung von Betrieben mit elektrischer Antriebsenergie. Erst zehn Jahre nach der Inbetriebnahme war ein nennenswerter Kraftstromverbrauch zu verzeichnen. Gegen Ende des 19. Jahrhunderts wurde die Nutzung der Elektrizität zu Antriebszwecken für den Bau von Kraftzentralen entscheidend. Da die meisten Kraftzentralen von den Unternehmen selbst errichtet wurden, ging der Anteil der öffentlichen Kraftwerke an der Gesamterzeugung von 44,4 % im Jahre 1891 auf 19,5 % im Jahre 1900 zurück.

[125] Vgl. Sawall, Unternehmenskonzentration, S. 68.

[126] Um dem steigenden Bedarf entsprechen zu können, gründete S & H im Jahre 1890 nach dem Tod von Carl Frischen, der bisher die Bahnanlagen bearbeitet hatte, ein eigenes Centralbüro für elektrische Eisenbahnen'. Frischen, der früher Telegraphendirektor der Hannoverschen Staatsbahn gewesen war, hatte 1870 den elektrischen Blockapparat erfunden, die grundlegende Erfindung, auf deren Grundlage im Blockwerk umfangreiche Blocksignalanlagen entwickelt worden sind.

[127] (s. Seite 117)

Für den Absatz ihrer elektrischen Bahnen entfalteten die Brüder Siemens auch im Ausland einen beträchtlichen Werbeaufwand. So führten sie 1881 auf der Internationalen Elektrizitätsausstellung in Paris und 1882 auf der allrussischen Industrieausstellung elektrische Bahnen vor, ohne einen geschäftlichen Nutzen aus diesen Maßnahmen zu ziehen. Insgesamt wurden in den 1880er Jahren nur drei elektrische Straßenbahnen wirklich gebaut und dem Verkehr übergeben. 1882 baute S & H für die Österreichische Südbahn-Gesellschaft eine Bahn auf der Strecke Mödling – Vorderbühl, im selben Jahr für das Bankhaus Weimann eine Bahn auf der Strecke Frankfurt – Offenbach. 1883 konnte Siemens Brothers eine Bahn in Portrush/Irland einrichten.

Siemens & Halske hat eine Generalunternehmerschaft beim Bau von Kraftwerken im allgemeinen im Hinblick auf die damit verbundenen Risiken und den verhältnismäßig geringen Anteil der eigenen Lieferungen nur ungern übernommen, zumal erhebliche finanzielle Mittel der Firma gebunden worden wären. Eine eigene Gesellschaft zum Bau dieser Zentralen zu gründen, widerstrebte Werner von Siemens. Er wollte primär Erbauer der Anlagen und Fabrikant der dazu nötigen Maschinen und Geräte sein, nicht aber als Investor auftreten.

[127] Betriebseröffnung deutscher Straßenbahnen im Pferde- und im elektrischen Betrieb:

Stadt	Eröffnung der Pferdebahn	Eröffnung der elektrischen Bahn
Berlin	1865	1879 und 1896
Hamburg	1866	1893
Stuttgart	1868	1895
Leipzig	1872	1896
Frankfurt/M	1872	1884 und 1899
Dresden	1872	1893
Hannover	1872	1893
Danzig	1873	1896
Wiesbaden	1875	1896
Düsseldorf	1876	1896
Elberfeld	1876	1896
Barmen	1876	1894
München	1876	1895
Karlsruhe	1877	1898
Köln	1877	1901
Breslau	1877	1893
Kassel	1877	1898
Magdeburg	1877	1899
Mannheim	1878	1900
Aachen	1880	1895
Halle	1882	1891

Bild 36 Internationale Elektrische Ausstellung, Paris 1881

Gerade die Ausbreitung des sogenannten Unternehmergeschäftes mit seinen großen Möglichkeiten, aber auch Risiken und die Zurückhaltung von Siemens & Halske gegenüber diesem Geschäft haben in den 1890er Jahren das rasche Wachstum neu gegründeter, risikobereiter Unternehmen begünstigt.[128] In der stürmischen, oft

[128] Vgl. auch Tagebucheintragung von Wilhelm von Siemens vom 26. Dezember 1902: „Man hat uns, S & H, getadelt, daß wir die AEG, Schuckert, Union, Lahmeyer, Brown Boveri haben so groß werden lassen. Aber die AEG ist durch die Konzession Berlin, wodurch sie einige 50 Millionen verdient, und die Deutsche Bank so groß geworden. Beides ist ihr durch Werner Siemens absichtlich zugeführt worden unter der Parole: S & H sollen die Fabrikanten und Erfinder, AEG die Konstrukteure sein ... S & H hätten Hunderte von Millionen haben müssen, um die Situation zu beherrschen. Wir haben auch an unserer Familienpolitik festgehalten und wollten in unserem Hause die Herren bleiben ... In dieser Zeit hat sich das Haus technisch auf der Höhe erhalten und ist in Wirklichkeit gegenüber der letzten Ära Frischen-Hefner erheblich in die Höhe gegangen. An technischem Ruf steht S & H auch heute an der Spitze. Im übrigen beruht ihre Lage auf sicherer und gefestigter Grundlage. Die Finanzen sind in Ordnung, das Bankguthaben beträgt über 10 Millionen ... Das Jahr 1903 wird wahrscheinlich die Frage entscheiden, ob Rathenau noch weitere Teile der Industrie von sich finanziell abhängig machen wird, oder ob S & H mit Schuckert zu einer gewissen Einigung kommen werden, um ein stärkeres Gegengewicht darzustellen. Das ist jetzt in Vorbereitung."

spekulativen, durch die vielfache Überzeichnung von Aktien gekennzeichneten Entwicklung der 1890er Jahre entstanden mit der Union-Elektrizitäts-Gesellschaft, einem Ableger der Thomson-Houston Company[129], dem Helios, der Actiengesellschaft vorm. O. L. Kummer und der Electricitäts-Actien-Gesellschaft W. Lahmeyer & Co. weitere Großunternehmen, deren Zahl sich am Ende des 19. Jahrhunderts in Deutschland auf 7 belief.[130]

Mit der relativ schmalen Kapitalbasis eines Familienunternehmens war Werner von Siemens in den 1880er Jahren nicht mehr in der Lage, auf dem Kapitalmarkt gegenüber einer Aktiengesellschaft wie der DEG (später AEG) Rathenaus erfolgreich zu konkurrieren.[131] Daher nützten ihm auch der technische Vorsprung seines Unternehmens gegenüber der Konkurrenz und sein persönlich hohes Renommee als Autorität in der Elektrotechnik nichts.

Vertretergeschäft

Während grundlegende Veränderungen der Gesamtorganisation des Hauses Siemens erst nach der Jahrhundertwende erfolgten, mußte das Vertriebssystem schon sehr viel früher und häufiger dem Wachstum des Hauses angepaßt werden. Dabei ergaben sich in der Entwicklung der Firma Siemens charakteristische Entwicklungsstufen, die unmittelbare Auswirkungen auf die Form des Vertriebs hatten. In den ersten Jahrzehnten ihres Bestehens lag für die Firma Siemens & Halske keine Veranlassung vor, sich eine Außenvertriebsorganisation zu schaffen, denn die Geschäfte in dem Haupterzeugnis, den Telegraphenapparaten, wurden mit Behörden abgeschlossen. Diese standen mit S & H in unmittelbarem Geschäftsverkehr. Die Zentralisierung des gesamten inländischen

[129] Die Union wurde gegründet von Loewe, Thyssen und Thomson-Houston International Electric Company. Die Firma Ludwig Loewe übernahm die Fabrikation. Im Jahre 1897 waren 50 % aller Gleise und Motorwagen der elektrischen Bahnen in Europa nach dem Thomson-Houston-System konstruiert. 1898 erwarb die Union die elektrischen Fabriken von Ludwig Loewe. Die Union baute Straßenbahnen in Erfurt, Leipzig, Barmen, Elberfeld, Elbing, Solingen, Düsseldorf, Duisburg, Berlin, Meißen und Magdeburg. Vgl. SAA 29/Ls 336.

[130] Vgl. Czada, Elektroindustrie, S. 43. Auf Spezialgebieten waren seit den 1880er Jahren Firmen wie Aron, Mix & Genest, Voigt & Häffner entstanden, um nur einige wichtige Namen aus dem Bereich der Stark- und Schwachstromtechnik zu nennen.

[131] Vgl. Pohl, Geschichte, S. 158.

Vertriebs in Berlin war für Siemens so lange möglich, wie der Kundenkreis relativ klein war. Auch bei gestiegenem Umsatz änderte sich zunächst die Struktur der Abnehmer nicht grundlegend, da die größten Projekte mit Zentralbehörden und -verwaltungen bearbeitet und abgewickelt wurden. Auf Schwerpunktgebieten der Nachrichtentechnik gilt das bis zur Gegenwart. Erst mit der Starkstromtechnik war man gezwungen, den Vertrieb zu dezentralisieren, wobei man zunächst mangels einer eigenen Organisation mit geeignet erscheinenden Partnern zusammenarbeitete. Der Geschäftsgang mußte auf den Verkehr mit den erheblich zahlreicheren Privatkunden umgestellt werden. Erst in der zweiten Hälfte der 1870er Jahre wurden die ersten Vertreter von Siemens & Halske zum Vertrieb ihrer Erzeugnisse in Deutschland und im europäischen Ausland eingeschaltet.

Seit der Geschäftsreform 1868 mußte Werner von Siemens eine neue Absatzpolitik avisieren. Die Vergrößerung des Geschäfts und die Verbreiterung des Produktspektrums machten es unmöglich, allein durch persönlichen Einsatz und Kontakte von Werner von Siemens oder seinen Brüdern zu ausreichenden Geschäftsabschlüssen zu kommen, wie dies bei der Lieferung von Telegraphenlinien und Zubehör in den ersten Jahren noch möglich gewesen war. Gerade mit dem Einstieg in das Starkstromzeitalter wurde der Aufbau einer Vertriebsorganisation notwendig.

Mit dem Verkauf von Dynamo-Maschinen und Bogenlampen, später auch mit der Installation kompletter Anlagen, beauftragte man Vertreter, während sich die Familienmitglieder weiterhin die Verhandlungen mit Behörden und das gesamte Schwachstromgeschäft vorbehielten. Die Vertreter waren meist an dem betreffenden Ort ansässige Ingenieure, zum Teil frühere Telegrapheningenieure, die sich vor allem dem neuen Gebiet der Starkstromtechnik zugewandt und Ingenieurbüros errichtet hatten. In der Hauptsache hatten sie sich mit dem Verkauf und der Installation von Dynamomaschinen und elektrischen Bogenlampen, später dann auch mit der Einrichtung vollständiger Glühlichtanlagen zu befassen. Nur in ganz vereinzelten Fällen erstreckte sich ihre Tätigkeit nach Vereinbarung mit S & H auch auf den Vertrieb der Erzeugnisse ihrer anderen Abteilungen, zum Beispiel des Schwachstromgebietes. Das Vertreternetz erstreckte sich zunächst hauptsächlich auf das Deutsche Reich, bezog aber bald schon das europäische Ausland mit ein. Allerdings wurde das Vertreternetz im Ausland nie besonders dicht. In einer Liste vom 2. März 1880 werden außer den Häusern in Petersburg, London, Paris und Wien Auslands-Vertreter für S & H nur in Rom, Zürich, Brüssel und Den Haag aufgeführt.[132]

Das Verhältnis zu diesen Vertretern gestaltete sich nicht immer unproblematisch. Ein Hauptproblem für Werner von Siemens bestand darin, qualifizierte Leute zu gewinnen, die die erforderlichen technischen Kenntnisse mitbrachten, um auch solide beratend tätig zu werden. Außerdem sollte der Vertreter im Ausland möglichst auch in der Lage sein, Installation und Wartung von Anlagen auszuführen. Er mußte also in seinem Zuständigkeitsgebiet ein Ingenieurbüro haben und möglichst ein Fachmann für Elektrotechnik sein. Je weiter nun das Absatzgebiet von Berlin entfernt lag, desto mehr mußte der Vertreter diesen Anforderungen entsprechen. Werner von Siemens scheute sich nicht, Bewerber um Vertretungen abzuweisen, wenn sie seinen Anforderungen nicht zu genügen schienen. So schrieb er bei den Verhandlungen über eine Vertretung in Japan 1884:

„Im allgemeinen ist unsere Fabrikation zu mannigfaltig und zu kompliziert, dass eine allgemeine Vertretung in einem fernen Lande sich erfolgreich erweisen könnte. Viele in dieser Hinsicht gemachten Versuche haben sich als verfehlt erwiesen. Unsere Waren sind keine eigentlichen Handelsartikel, mit deren Verkauf das Geschäft getan ist. Zur Einführung unserer Produkte gehört in erster Linie technisches Verständnis. Durch Instruktion läßt sich dieses nicht ersetzen. Um unsere Produkte richtig empfehlen zu können, muss man ihre Vorzüge verstehen, also überhaupt das entsprechende Fach vollständig beherrschen. (...) Nur eine Ingenieurfirma – vielleicht und am besten in Verbindung mit einer kommerziellen – würde unsere Vertretung mit Erfolg aufnehmen können.“[133]

Im Mittelpunkt des Interesses stand für Werner von Siemens das Firmen-Renommee, von dem er sich Werbewirkung und Folgeaufträge versprach. Ein inkompetenter Vertreter hätte die maßgeschneiderte Problemlösung, die S & H ihren Kunden bieten wollte, nicht bieten können. Also war es im Interesse einer hohen Produktqualität und des guten Rufs im Zweifel besser, auf einige Vertretungen und damit Geschäfte zu verzichten. Diese Entscheidung war ähnlich grundsätzlicher Art wie die Devise der frühen

---

[132] Vgl. SAA 68/Lb 947.

[133] Werner Siemens an Eugen von der Weyde, 25. Oktober 1884, SAA 68/Lb 947, dort auch weitere Beispiele für Absagen.

Jahre, den Wettbewerb nicht über den Preis, sondern über die Qualität zu bestehen.

Als Gegenleistung für diese hohen Erwartungen bot S & H nicht viel. Die Vertreter mußten auf eigenes Risiko arbeiten, die Firma übernahm weder Garantien, noch bot sie irgendwelche Unterstützungen. Geliefert wurde nur auf feste Bestellungen hin, wobei der Besteller alle Kosten für Fracht und Assekuranz ab Berlin zu tragen hatte. Dem Vertreter räumte man für seine Bemühungen eine Provision von 10% auf den Brutto-Verkaufsbetrag ein, die jedoch erst bei Eingang der Fakturbeträge fällig wurde.

Die Vertreter waren verpflichtet, ausschließlich Erzeugnisse von S & H zu vertreiben. Vom Standpunkt der kaufmännischen Verwaltung war dieses Geschäftsvorgehen für die Firma sehr bequem, weil sie nur mit ganz wenigen Abnehmern zu verhandeln hatte und nur eine sehr geringe Anzahl von Konten in ihrer Buchhaltung zu unterhalten brauchte.

Vom wirtschaftlichen Standpunkt dagegen war diese Art der Geschäftsführung sehr ungünstig, weil S & H das gesamte Kundschaftsgebiet aus der Hand gab. So ergaben sich zusammengeballte Außenstände ihrer nicht immer kapitalkräftigen Vertretungen. Das Kundschaftsrisiko war dadurch stark entsichert. Besonders ungünstig wirkte sich der Vertrieb über Vertreter vom technischen Standpunkt aus. Da S & H sich mit der Montage ihrer Erzeugnisse selbst nicht befaßten, war ihnen die Gelegenheit genommen, festzustellen, wie sich ihre Erzeugnisse im Betrieb bewährten, ob und welche Mängel ihnen anhafteten usw. Den vielseitigen Aufgaben konnte ein Vertriebssystem mit Vertretern bald nicht mehr gerecht werden. Bereits um 1885 erkannte man bei S & H, daß das Vertreterwesen verbesserungsbedürftig sei. Man hatte eingesehen, daß eigene technische Büros doch ganz erhebliche Vorteile boten. Ganz besonders wollte man den Abnehmern nicht nur als Verkäufer gegenüberstehen, sondern auch beratend und planend mitwirken. Dazu war es notwendig, möglichst nahe beim Kunden Stützpunkte zu unterhalten. Man wollte damit auch erreichen, daß man möglichst frühzeitig an den Kunden herankam, um seine Projekte nach den eigenen Ansichten zu formen und ebenso, um sich nach Möglichkeit die Aufträge zu sichern.[134]

---

[134] Vgl. SAA 16/La 92.

Die Vertreter im In- und Ausland waren somit in keiner Weise in die Unternehmensstruktur eingebunden und gerieten daher fast zwangsläufig in Interessenkonflikte mit der Firma. Denn anders als die Familienmitglieder und die langjährigen Angestellten, die bis zum Aufbau eines Vertreternetzes größere Aufträge ausgehandelt und ausgeführt hatten, waren die Vertreter nicht durch Familien- oder andere Loyalitäten an die absatzpolitischen Vorstellungen von Werner von Siemens gebunden. Da sie auf eigene Rechnung arbeiteten, war ein häufiges Ärgernis, daß sie Installations- und andere Materialien nicht bei Siemens & Halske, sondern bei billigeren Bezugsquellen kauften.

Es ist erstaunlich, daß Werner von Siemens, der bei seinen leitenden Angestellten, aber auch bei den Arbeitern viel für den Aufbau und Erhalt einer festen Bindung an das Unternehmen tat, diesen Aspekt beim Aufbau des Vertriebssystems völlig vernachlässigte. Bis 1885 wurden die Vertragsbedingungen mit den Vertretern nicht einmal einheitlich festgelegt. 1885 wurden einheitliche Richtlinien ausgearbeitet, von denen aber gerade im Auslandsgeschäft öfter abgewichen wurde. So galt mit dem belgischen Vertreter Edouard Rau in Brüssel ein gesonderter Vertrag, den Rau nach langen Querelen 1882 auf zehn Jahre abgeschlossen hatte.[125]

Gerade der Fall Rau zeigt die spezifischen Schwierigkeiten, die aus diesem Vertriebssystem erwuchsen. Rau war seit November 1871 ohne einen formellen Vertrag für S & H tätig gewesen und hatte gelegentlich mit sehr unregelmäßigem Umsatz Geschäfte vermittelt. Da er nach seiner eigenen Einschätzung hauptsächlich aus Interesse für die elektrotechnischen Produkte und aus Wertschätzung für Werner von Siemens tätig geworden war, nahm Rau das Ansinnen, das Verhältnis vertraglich zu regeln, übel. So schrieb er am 24. Januar 1882 an die Geschäftsleitung:

„Gewisse Verhältnisse im Geschäftsleben entwickeln sich und modulieren sich nach den Personen und Umständen und deren gibt es einige, die weniger wie andere in alltägliche kaufmännische handelsgesetzliche Formen passen. Dazu gehört auch das Verhältnis, in welchem zu Ihnen zu stehen ich die Ehre habe und wenn Ihnen meine Person nicht conveniert hätte und ich nicht eine, Jahre lang interessenlose, Liebhaberei an Ihrem Geschäft bethätigt, was mir glücklicherweise meine Verhältnisse gestatteten, so wären wir wahrscheinlich heute gar nicht in der Lage, nach Formen zu suchen, in die wir uns selbst hineinzwängen wollen."[136]

---

135 Vertreter-Vertrag vom 21. Juni 1882, SAA 68/Li 312.

136 Vgl. SAA 68/Li 312.

Der Vertrag, in den Rau schließlich einwilligte und der ihm die Alleinvertretung für Belgien, die Wahrung der dortigen Patentrechte und eine Provision von zehn Prozent zusicherte, ihm sonst aber keine besonderen Abweichungen zugestand, konnte dann auch die Spannungen zwischen der Zentrale und ihrem Vertreter nicht ausräumen. Nach Ablauf des Vertrags 1892 trennte man sich in allgemeiner Mißstimmung.

Werner von Siemens zeigte sich auch gegenüber langjährigen Geschäftspartnern nicht zu größerem Entgegenkommen bereit. So war er zum Beispiel nicht bereit, Carlo Moleschott, der seit 1881 mit wechselnden Partnern Vertreter für S & H in Italien war, 1890 zur Überbrückung seiner momentanen Schwierigkeiten ein Fixum oder irgendwelche Sonderkonditionen zu gewähren. In einem sehr freundlich gehaltenen Brief erklärte Werner von Siemens ohne Umschweife, Moleschott könne eben bessere Ergebnisse nur mit höheren Umsätzen erzielen. S & H sei nicht damit gedient, ihrem Vertreter ein Fixum zu zahlen.[137]

Die geringe Bereitschaft, einerseits für die Absatzorganisation irgendwelche Kosten zu tragen, und die geringen tatsächlichen Kontrollmöglichkeiten der Zentrale besonders gegenüber den Vertretern im Ausland andererseits führten zu einem generell schlechten Klima. Anlaß für Streitigkeiten zwischen der Berliner Zentrale und den Vertretern waren regelmäßig Reklamationen der Kunden über mangelhaft ausgeführte Installationen. Wenn sich eine Anlage als nicht betriebstüchtig erwies, kam es häufig zu gegenseitigen Schuldzuweisungen zwischen S & H und dem Vertreter. Während der Vertreter den Standpunkt vertrat, daß Mängel der gelieferten Teile an der Funktionsuntüchtigkeit schuld seien, argumentierte das Unternehmen, daß ein Montagefehler vorliege. Dies hatte zur Folge, daß Kunden mehrfach nur bereit waren, direkt mit der Berliner Zentrale abzuschließen. Die Vertreter fühlten sich in diesem Falle natürlich um ihre Provision betrogen. Auch die „Allgemeinen Vertretervorschriften" von 1885 brachten hier keine grundsätzliche Verbesserung oder Kursänderung.

Im Vergleich dazu waren die Absatzorganisationen der aufholenden Mitbewerber wesentlich aufwendiger und offensiver gestaltet. So ging zum Beispiel die Nürnberger Firma S. Schuckert sehr frühzeitig daran, einen in das Unternehmen integrierten Vertriebs-

[137] Werner Siemens an Carlo Moleschott, 31. Dezember 1890; SAA 32/Lh 678.

apparat aufzubauen. Die DEG hatte sich kurzzeitig des S & H-Vertriebsapparates bedient, ging aber schon Mitte der 1880er Jahre unter Leitung von Felix Deutsch daran, eigene Technische Büros einzurichten. Diese Entwicklung wurde nach der Gründung der AEG verstärkt fortgesetzt: Man baute auch im Ausland ein zwar kostenintensives, dafür aber funktionsfähiges Distributions- und Wartungsnetz auf. Auch die amerikanische Konkurrenz betrieb wesentlich effizientere Marktbearbeitung. Sowohl Thomson-Houston als auch Westinghouse leisteten sich teuere Vertriebsstrukturen mit starker regionaler Streuung.[138]

Erst in den 1890er Jahren, nach dem Ausscheiden von Werner von Siemens aus der Firmenleitung, ging man auch bei S & H an den Aufbau eines in das Unternehmen integrierten Vertriebsapparates. Die zweite Epoche in der Entwicklung des Vertriebs begann damit, daß man sich von den selbständigen Vertreterfirmen schrittweise löste, die bewährten Kräfte an sich zog und eigene Vertriebsorgane entwickelte, die den Namen „Technisches Büro" erhielten. Diese mit Ingenieuren besetzten Geschäftsstellen des Außenvertriebs hatten die Absatzmöglichkeiten zu beobachten und die Voraussetzungen für die zu lösenden Aufgaben so weit zu klären, daß man die Projekte dann im Stammhaus bearbeiten konnte.

Im Laufe der Zeit wurden die einfacheren Angebote von den Technischen Büros selbst ausgearbeitet.[139] An die Stelle geschäftsvermittelnder Vertreterfirmen traten also sachverständige Berater,

---

[138] Vgl. Eibert, Unternehmenspolitik, S. 206f., 216-221; Pohl, Rathenau, S. 53, S. 140–164 Chandler, Scale, S. 216.

[139] In der 105. Sitzung der dritten Arbeitsgruppe des Unterausschusses III für Gewerbe am 14. Mai 1929 wurde Generaldirektor Dr. Franke von S & H von den Sachverständigen u.a. über den Auslandsabsatz und über die Organisation des Vertriebes befragt. Franke teilte mit, daß der Verkauf im Inland durch die Technischen Büros, im Ausland durch die eigenen Gesellschaften erfolge. „Wir haben das System der eigenen Gesellschaften aufgebaut und es hat an den meisten Plätzen doch zu gesunden Verhältnissen geführt. Man hat sie mehr in der Hand und kann sie in bestimmte Richtungen lenken und ihnen die Preise vorschreiben. Man kann mit ihnen machen, was man mit einem fremden Vertreter nicht machen kann. Deswegen haben wir dieses System bis auf wenige Länder ausgebaut, im wesentlichen mit Siemens-Schuckert gemeinschaftlich ... Sie bringen uns auch Anregungen, und man erfährt mehr, was die Konkurrenz macht. Man bekommt bessere Berichte als von den Vertretern und man bekommt dadurch Anregungen ... Wir haben die Erfahrung, daß wir mit den eigenen Gesellschaften besser weitergekommen sind als mit den Vertretern. Es sind auch viele Anlagen dabei, die durch eigene Montagebüros gemacht werden und es sind auch viele Reparaturgeschäfte dabei, die sofort an Ort und Stelle gemacht werden, und auch darin sind uns die eigenen Gesellschaften wertvoller als die Vertreter." Vgl. SAA 11/Lg 724 Nachlaß Franke.

auch durch die Bezeichnung Technisches Büro zum Ausdruck kommen sollte.

Bereits im Herbst 1879 wurde von Berlin aus in Wien ein „Wiener Technisches Büro von S & H Berlin" eröffnet. Diese Geschäftsstelle hatte aber mit den späteren Technischen Büros nur den Namen gemein. In Wirklichkeit war sie die Keimzelle zum späteren Wiener Werk. Wenige Jahre darauf, Anfang der 80er Jahre, verlor sich auch die Bezeichnung Technisches Büro wieder. Die erste Geschäftsstelle im Sinne eines wirklichen Technischen Büros wurde vom Wiener Werk 1890 in Wien selbst geschaffen. Diese Filiale war ihrem Charakter nach ähnlich angelegt wie zum Beispiel 1894 das Stadtbüro der Firma Schuckert in Nürnberg, d.h. sie sollte die Fabrik von dem kleinen Geschäft in Installationen und im Verkauf entlasten. Am 20. Januar 1890 wurde das erste Technische Büro S & H in München errichtet. Wenig später folgte als zweites Technisches Büro die Zweigniederlassung in Mülhausen im Elsaß, und darauf Köln, Hagen, Frankfurt und Dresden. Von 1894 an wurde der Verkehrsabteilung der gesamte Vertrieb des Starkstromgeschäfts übertragen. Noch vor der Jahrhundertwende schuf auch das Wiener Werk an den entfernteren Plätzen des österreichischen Raumes die ersten Technischen Büros. Bis 1914 entstanden 21 Vertretungen.[140] Die zeitliche Verzögerung gegenüber der Konkurrenz führte jedoch dazu, daß S & H seine Marktführerposition in den 1880er Jahren verlor.

Produktion im Ausland

Der Aufbau eigener Produktionsstätten im Ausland ist laut dem in der Forschung vorherrschenden Stufenmodell die letzte Stufe der Auslandsorientierung und Internationalisierung eines Unternehmens. Bei S & H erfolgte dieser Schritt in einigen Ländern bereits vor dem Aufbau einer eigenen Absatzorganisation. Vorposten der Auslandsproduktion war London, wo man mit dem Erwerb der Fabrik in Woolwich bereits 1863 mit einer eigenen Produktion begonnen hatte.[141] Nach dem Ausbau des Kabelwerks in Woolwich 1873 und der Übernahme einer eigenen Guttapercha-

[140] Vgl. SAA 47/Lg 742.

[141] Die schon vorher bestehenden Werkstätten in London und in St. Petersburg dienten der Wartung und Installation der in Berlin gefertigten Produkte.

Fabrik wuchs die Produktion in England stetig an, obwohl man auch nach der Aufgabe des Gesamtgeschäftes mit der Gründung der Siemens Brothers & Co. Ltd. zum 1. Januar 1881 noch viele Apparate etc. aus Berlin bezog. Über die dabei zu gewährenden Sonderkonditionen gerieten Berlin und London immer wieder in Streit. Auf ihrem Haupttätigkeitsfeld, der Herstellung und Verlegung von Seekabeln, wurde die Londoner Firma jedoch autark.

Bild 37 Das Wiener Siemenswerk in der Hainburgstraße, 1890

Ab 1883 nahm auch die 1879 aufgebaute Wiener Filiale, die bislang eine Reparatur- und Montagewerkstatt betrieben hatte, die eigene Produktion auf. Die Wiener Filiale hatte so große Aufträge im Bereich des Eisenbahnsicherungswesens bekommen, daß Berlin damit völlig überlastet war. Die Fabrikation wurde daher nach Wien ausgelagert. Wenig später nahm man in Wien auch Dynamomaschinen und Bogenlampen in das Fabrikationsprogramm auf. Der Bau von drei Zentralstationen, die S & H auf eigene Rechnung betrieb, ließ das Geschäft mit Beleuchtungsanlagen derart anwachsen, daß man schon 1887 eine erste Erweiterung der Fabrikanlagen vornehmen mußte. Nach dem Ausscheiden von Werner von Siemens wurde 1889/90 sogar eine neue Fertigungsstätte errichtet, in der auch eine Bleikabel-Fabrik untergebracht war. Zugleich erfolgte eine Reorganisation: Die Fertigungsstätten und Verwaltungen faßte man in zwei getrennte Einheiten, wobei Wien I vorwiegend die Fertigung übernahm, während die Aufgaben von Wien II in der Projektierung und in der Verwaltung der auf eigene Rechnung geführten Kraftzentralen bestanden.[142] Wichtig war Wien auch für den Verkauf elektrischer Straßenbahnen, wenngleich die Erfolge zu Lebzeiten von Werner von Siemens noch bescheiden blieben.

Das Geschäft mit Rußland erlebte seit der Rückkehr von Carl Siemens 1880 nach St. Petersburg eine neue Blüte. Trotz der schlecht verlaufenen 1870er Jahre war S & H dort Marktführer, mußte allerdings im neuen Beleuchtungsgeschäft mit der Konkurrenz von Jablochkoff und der AEG rechnen. Nach der Allrussischen Industrieausstellung 1882 baute S & H ein Kabelwerk in Rußland. Man wollte sich damit – wie schon beim Bau des Berliner Kabelwerks – einen Großauftrag sichern, der nur an eine im Lande produzierende Firma vergeben wurde. Außerdem konnte man so die 1877 verhängten hohen Importzölle umgehen. Das Kabelwerk wurde der Grundstein der Vereinigten Kabelwerke St. Petersburg, die gemeinsam von Siemens, der AEG und Felten & Guilleaume betrieben wurden.

Die Ausführung prestigereicher Beleuchtungsprojekte mit großer Sogwirkung wie die Beleuchtung des Newski-Prospekts 1884 und die Beleuchtung des Winterpalais ließen in Rußland den Bedarf an Zentralstationen sprunghaft ansteigen. S & H wollte jedoch zu-

[142] Vgl. Waller, Studien III, S. 100-103.

Bild 38 Das Siemens-Apparatewerk in St. Petersburg, erbaut 1882/83

nächst nicht die Trägerschaft von Stromerzeugern übernehmen, sondern lediglich Maschinen liefern. Im Februar 1887 beteiligte Carl sich jedoch mit dem seit 1880 ja wieder selbständig wirtschaftenden Petersburger Geschäft an einer neuen „Gesellschaft für elektrische Beleuchtung", die über Kapital in Höhe von 1 Mio Rubel verfügte und laut Statuten das Recht besaß, überall in Rußland Kabel zu legen und Zentralstationen einzurichten. Diese Beteiligung sollte sich in der Zukunft sehr auszahlen: Von 1904 bis 1911 machte Siemens ein großes Geschäft mit der Lieferung von Drehstrom-Turbogeneratoren nach Rußland. Vorläufig wurden die Geschäfte aber wieder schlechter, so daß Carl 1890 sogar – vergeblich – versuchte, das Petersburger Geschäft gut zu verkaufen.

Das letzte Vorhaben von Werner von Siemens vor seinem Tode war die Gründung einer Niederlassung in den USA. 1886 hatte Werner von Siemens den Deutsch-Amerikaner Henry Villard beauftragt, seine Patente, besonders sein Bleikabel-Patent, in den USA für S & H zu verwerten. Ihm schwebte dabei entweder ein Verkauf oder eine Beteiligung an einer bereits bestehenden Gesellschaft vor. Als Präsident der Edison Electric Light Co. stellte Henry Villard gemeinsam mit Georg Siemens, dem Direktor der Deutschen Bank, die Weichen in Richtung einer großen Kapitalbeteiligung der deutschen elektrotechnischen Industrie an der Edison General Electric Company, die 1889 durch Fusion der verschiedenen Edison-Gesellschaften entstanden war. S & H beteiligte sich neben der AEG und der Deutschen Bank mit 1 Mio Mark, hauptsächlich, um in den USA eine Bleikabel-Fabrikation nach ihren Vorstellungen in Gang zu bringen, wie einem Schreiben vom 21. Januar 1890 an Henry Villard zu entnehmen ist:

„Wir haben die Zeichnung von einer Million Mark nicht aus Hoffnung auf Gewinn aus Aktien, sondern nur aus dem Grunde übernommen, um das Zustandekommen des geplanten Contractes und den Bau der Kabelfabrik nach unserem System sicherzustellen und zu beschleunigen."[143]

Dieses Hauptanliegen wurde jedoch nur zögerlich umgesetzt, da sich die Ratifizierung des Vertrags über die Einrichtung einer Bleikabelfabrik nach dem Siemens-System hinzog. Neben der Bleikabelfabrikation hatte Werner von Siemens auch Interesse, mit seinen elektrischen Eisenbahnen und Straßenbahnen auf den amerikanischen Markt zu kommen. Ein Patentprozeß mit mehreren amerikanischen Eisenbahn-Konstrukteuren verhinderte aber einen raschen Markteinstieg. Alle Pläne wurden Makulatur, als die Edison General Electric Co. 1892 mit der Thomson-Houston-Gruppe zur General Electric Co. fusionierte. Der Thomson-Houston-Präsident setzte sich bei dieser Fusion eindeutig durch, und die Banken zwangen Henry Villard zum Rückzug aus der General Electric. Die deutschen Kapitalanleger zogen sich daraufhin schnell zurück.

Man mußte daher selbst tätig werden. Bereits im Januar 1892 ging schließlich Werners ältester Sohn Arnold in die USA, zunächst mit dem Vorhaben, die Patente des Vaters dort zu verkaufen. Nach einer ersten Sondierung erschien es ihm jedoch günstiger, eine eigene Gesellschaft mit angegliederter Fabrikation zu errichten. So gründete S & H mit zwei amerikanischen Partnern, O. W. Meysenburg und A. W. Wright am 4. März 1892 die Siemens & Halske Electric Company of America mit Sitz in Chicago. Das Unternehmen sollte Dynamomaschinen, Eisenbahnmotoren und deren Zubehör produzieren und vermarkten. Zunächst erschienen die Bedingungen auch günstig, umfangreiche Bestellungen gingen ein.

[143] Vgl. SAA 23/Lk 677.

Ein Brand, der 1893 die Fabrik völlig zerstörte, setzte jedoch den transatlantischen Hoffnungen ein jähes Ende. Es entstand ein Schaden in Höhe von 600 000 Dollar; die Produktion wurde nicht wieder aufgenommen.[144]

Das „Privatgeschäft" im Kaukasus

Neben seinen elektrotechnischen Unternehmungen betrieb Werner von Siemens ein „Privatgeschäft", das schon mehrfach erwähnte Kupferbergwerk Kedabeg im Kaukasus. Er hatte das Bergwerk gemeinsam mit seinen Brüdern Carl und Walter im Jahre 1864 sehr zum Ärger seines Kompagnons Halske erworben, der von einer solch unsicheren Investition, die außerdem eine zusätzliche Belastung der Arbeitskraft bedeutete, nichts wissen wollte. Auch nach Halskes Ausscheiden blieb Kedabeg in den Gesellschaftsverträgen der Brüder stets aus dem „Gesamtgeschäft" ausgespart und für die nicht daran Beteiligten auch weiterhin ein Ärgernis.

[144] Vgl. die Aufstellung der Umsätze nach Staaten im Anhang.

Bild 39 Das Kupferbergwerk in Kedabeg im Kaukasus, etwa 1865

Ursprünglich war das Bergwerk, das zwar reiche Vorkommen barg, sich aber in schlechtem Zustand befand, wohl als eine Art Versorgung und Beschäftigung für Walter Siemens gedacht gewesen. Walter hatte für seinen Bruder Carl den von Petersburg aus geleiteten Bau und die Remonte von Telegraphenleitungen im Kaukasus überwacht und das Bergwerk mit seinen reichen Kupfervorkommen entdeckt. Aber auch Carl und Werner entwickelten an dem Projekt wachsendes Interesse. Nach dem Tod seiner ersten Frau Mathilde 1865 unternahm Werner von Siemens im Herbst eine erste Reise in den Kaukasus, der im Laufe seines Lebens noch zwei weitere folgen sollten. Auf dieser Reise inspizierte er das Bergwerk und stellte zwei Hauptmängel fest: die Verkehrsferne und die geringe fachliche Qualifikation der Beschäftigten. Vor allem die mangelnde Infrastruktur Transkaukasiens erwies sich als ein wesentliches Problem. Zwischen Kedabeg, in der Nähe von Elisabethpol gelegen, und dem Schwarzen Meer – also auf einer Strecke von etwa 600 km – gab es keine Eisenbahn und keine ausgebauten Straßen. Alle Materialien zum Aufbau eines modernen Bergwerkbetriebs mußten jedoch aus Europa bezogen und dorthin transportiert werden. Ein zweites Problem waren die Arbeitskräfte. Die nomadisierende Bevölkerung war nur solange bereit, im Bergwerk zu arbeiten, bis sie wieder ihren Lebensbedarf für einige Zeit decken konnte. Ein fester Arbeiterstamm konnte also nicht aufgebaut werden. Werner von Siemens schlug daher vor, die Arbeiter durch den Bau von Steinhäusern mit guter Ausstattung seßhaft zu machen und zu regelmäßiger Arbeit zu motivieren.[145] Die leitenden Positionen des Bergwerks Kedabeg wurden von deutschen Beamten und Russen aus den Ostseeprovinzen eingenommen.

Da Walter Siemens im Sommer 1868 tödlich verunglückte, reiste Werner von Siemens 1868 zum zweiten Mal in den Kaukasus. Es erwies sich als besonders schwierig, die durch Walters Tod entstandene Lücke sowohl in der Leitung des Bergwerks als auch im deutschen Konsulat in Tiflis zu schließen. Das Bergwerk arbeitete jedoch inzwischen so erfreulich, daß die russische Regierung den Brüdern weitere Bergwerksvorhaben anbot. Die eingeführten

[145] Vgl. Werner von Siemens, Lebenserinnerungen, S. 241: „Ich kann nur dringend raten, bei unseren jetzigen kolonialen Bestrebungen in gleicher Richtung vorzugehen. Der bedürfnislose Mensch ist jeder Kulturentwicklung feindlich. Erst wenn Bedürfnisse in ihm erweckt sind und er an Arbeit für ihre Befriedigung gewöhnt ist, bildet er ein dankbares Objekt für soziale und religiöse Kulturbestrebungen. Mit letzteren zu beginnen wird immer nur Scheinresultate geben."

hüttentechnischen Verbesserungen waren Carl zu verdanken, der auch gerne die weitere Leitung des Bergwerks übernommen hätte.

Eine Integration der kaukasischen Aktivitäten in das Gesamtgeschäft, die Werner zunächst anstrebte, gelang nicht. Kedabeg erwirtschaftete vorläufig auch nicht mehr als etwa 20 % des Ertrags von Berlin oder London, allerdings mit steigender Tendenz. Dennoch mahnte Wilhelm Siemens als Nachlaßverwalter seines Bruders Walter, sich auf die wichtigeren Aktivitäten zu konzentrieren.[146] Weniger diese Ermahnung als vielmehr eine Verschlechterung des Zustandes seiner Frau und schließlich ihr Tod im Februar 1869 bewogen dann Carl Siemens, sich wieder vornehmlich dem Gesamtgeschäft zu widmen und nach London zu gehen.

Da nach Werners Meinung ein Familienangehöriger die Firma Siemens in Tiflis repräsentieren mußte, damit dort nicht die „geschäftliche Anarchie"[147] ausbräche, sollte der jüngste Bruder Otto sich dort zum deutschen Konsul bestellen lassen. Otto war lungenkrank, hielt sich daher schon einige Zeit bei seinen Brüdern in Tiflis auf und war mit den Geschäften bereits vertraut. Für die Leitung des Bergwerks reichten seine Erfahrung und seine Kräfte aber doch nicht aus. In seiner Londoner Zeit kümmerte sich Carl daher weiterhin um Kedabeg, hatte mit den dort angestellten Leitern aber wenig Glück. 1871 besserte sich die Lage kurzfristig, als Otto durch die Heirat mit Annette von Krehmer, der Witwe des Fürsten Swiatobolk-Mirski, in Tiflis erheblich an Einfluß gewann. Dieser Aufschwung war jedoch von kurzer Dauer, denn Otto erlag bereits im Herbst 1871 seiner Krankheit.

Der Leiter des Bergwerks in den 1870er Jahren, Schnabel, wirtschaftete das Unternehmen herunter. In seinem Abschlußbericht über Kedabeg 1876 schrieb Carl Siemens, Schnabel sei ein halbes Jahr krank gewesen, habe in dieser Zeit der Firma aber noch am wenigsten geschadet.[148] Schnabels Nachfolger Kölle erwies sich als

[146] Wilhelm an Werner, 28. Juni 1868: „Es wäre eine Befriedigung, wenn die Maßregeln so getroffen werden könnten, daß der Fortgang unserer Unternehmungen nicht zu sehr von der persönlichen Existenz abhängt und wenn wir nächstens zusammenkommen, so müssen wir suchen eine solche Lösung zu finden! An ein Abbauen der Unternehmungen selbst ist wohl nicht zu denken, aber eine Concentrierung unserer Kräfte auf Durchführung des Wesentlichen wird durch diese Verluste, so wie auch durch das Gefühl eigener Schwäche mehr und mehr geboten." SAA WP Briefe.

[147] Werner an Carl, Ragaz, 17./18. Juli 1868; SAA WP Briefe.

[148] Vgl. Heintzenberg, Carl Siemens, S. 128.

geeigneter und blieb darüberhinaus bis 1905 in Kedabeg. Das Bergwerk konnte seine Kupferproduktion bald vervielfachen und schrieb seit 1877 schwarze Zahlen. Werner von Siemens behielt sein Interesse an diesem Unternehmen, das aus dem Rahmen seiner sonstigen Geschäfte so stark herausfiel. Noch während er 1890 die Kaukasus-Berichte für seine Lebenserinnerungen abfaßte, trug er sich mit Plänen für die weitere Modernisierung und Reorganisation des Bergwerks, das er zu einem europäischen Musterbetrieb ausgebaut sehen wollte.

Das Selbstverständnis des Unternehmers Werner von Siemens

Siemens als Familienunternehmen

Einer der auffälligsten Züge des Unternehmers Werner von Siemens ist seine Orientierung an der Familie. Zahlreiche Selbstzeugnisse belegen, daß er nicht nur seine Geschäfte am liebsten mit Familienmitgliedern plante und durchführte, sondern daß es auch ein entscheidendes Motiv für sein Unternehmertum überhaupt war, für seine Familie zu sorgen.[149] Den Begriff „Familie" bezog Werner von Siemens zunächst auf seine Geschwister, später vor allem auf seine Kinder. Auf die weitere Familie, wie zum Beispiel seine Vettern Louis und Georg oder seine zum Teil weitläufig verwandten Neffen Georg und Alexander, griff er dagegen weniger gerne zurück und behielt sie eher als „Notreserve" im Auge.

Der Zwang, für seine Familie sorgen zu müssen, kann als das auslösende Moment für seine Entscheidung angesehen werden, Unternehmer zu werden. Die Familie führte Werner von Siemens selbst als Leitmotiv seiner Unternehmertätigkeit an, wie aus einem Schreiben an seinen Bruder Carl Weihnachten 1887 ersichtlich ist:

„Factisch ist, daß Du stets ein größeres Gewicht auf die realen Lebensgüter gelegt hast wie ich, der ich viel zu viel Phantomen und Ideen nachgejagt habe. (...) Ich sehe im Geschäft erst in zweiter Linie ein Geldeswert Objekt, es ist für mich mehr ein Reich, welches ich gegründet habe und welches ich meinen Nachkommen ungeschmälert überlassen möchte, um in ihm weiter zu schaffen."[150]

Der Einsatz von Familienmitgliedern war zudem eine Möglichkeit, weit entfernte, wichtige Auslandsposten mit fähigen und loyalen Mitarbeitern zu besetzen. Doch mit der Zeit und der wachsenden Emanzipation der Brüder ergaben sich immer mehr

[149] Vgl. Schreiben an seinen Sohn Wilhelm vom 3. Februar 1877: „Mir war in meinen jungen Jahren der Gedanke besonders drückend, daß ich soviel Not und Sorge zu Hause sah und doch nicht helfen konnte, sie zu mildern und so wenig Aussicht hatte, dies später tun zu können. Freilich lag darin auch ein großer Sporn für mich, tüchtig zu arbeiten." SAA WP Briefe.

[150] Charlottenburg, 25. Dezember 1887; SAA WP Briefe.

Probleme, die sich nur unter Schwierigkeiten durch brüderliche Zuneigung überbrücken ließen.

Seit dem Ausscheiden Halskes 1868 war das Geschäft bis auf einige Kapitalanteile ganz in der Hand der Brüder. Werner glaubte nun den Zeitpunkt gekommen, seine Idee von einem ausgedehnten „Gesamtgeschäft“ verwirklichen zu können und setzte dies auch vertraglich durch. Unausgesprochen beanspruchte er allerdings für das Stammhaus in Berlin und für sich selbst als Seniorchef und Familienoberhaupt eine Führungsposition. Mit der Planung der Indo-Europäischen Telegraphenlinie und mit den ersten Tiefseekabelverlegungen war aber etwa zum gleichen Zeitpunkt das Londoner Geschäft so angewachsen, daß es Berlin an Bedeutung, Geschäftsumfang und Gewinnen nicht mehr nachstand. Sein in England inzwischen naturalisierter Bruder Wilhelm war ebenfalls zu einer etablierten Technikerpersönlichkeit geworden und keineswegs mehr bereit, hinter dem älteren Bruder zurückzustehen.

Nach Aussage des Bruders Carl hatte er sich mehr und mehr zu einem „sehr unbequemen Associé“ entwickelt.[151] Damit waren zwei Anlässe für Streitigkeiten geschaffen. Zum einen war London nicht mehr bereit, Vorgaben des Berliner Stammhauses widerspruchslos zu akzeptieren. Wegen der nach Meinung des Prokuristen Löffler zu teuren Produktion Berlins sah man sich nach anderen Lieferanten um bzw. verlangte Sonderkonditionen, die Berlin nicht zu geben bereit war.

Wilhelm hatte an diesen geschäftlichen Fragen kein großes Interesse, nahm aber seinen Prokuristen Löffler in Schutz und führte die Korrespondenz mit Werner häufig in gereiztem Ton. Nach einem Zeugnis von Carl Siemens taten Eitelkeiten der beiden „Dr. W. Siemens“ ein übriges, das Klima zu verschlechtern. Beide wurden in der Presse gelegentlich verwechselt und die Erfindungen des einen dem anderen gutgeschrieben.[152]

Werner hielt sich – wohl zu Recht – zugute, seine Brüder immer sehr entgegenkommend behandelt zu haben. In den Verträgen über das Gesamtgeschäft erhielten Carl und Wilhelm hohe Gewinnquoten, obwohl Werner den bei weitem größten Kapitalanteil hielt und im Telegraphengeschäft maßgeblich mit seinen Pa-

---

[151] Carl an Werner, Petersburg, 21. Dezember 1887; SAA WP Briefe.

[152] Vgl. Heintzenberg, Carl Siemens, S. 87.

tenten gearbeitet wurde. An der Fabrik für Alkoholmeßgeräte, die der Vetter Louis Siemens in Charlottenburg leiten sollte und die wegen des großen russischen Bedarfs sehr gewinnträchtig zu werden schien, konnten sich Wilhelm und Carl beteiligen und an der Verzinsung der Einlagen wie auch an der Gewinnausschüttung teilhaben. Diese finanzielle Absicherung ermöglichte es den beiden Brüdern, ihren wenig rentablen Sondergeschäften nachzugehen. Wilhelm konstruierte, zeitweilig gemeinsam mit dem Bruder Friedrich, Stahlöfen und betrieb in Landore ein technisch interessantes, aber verlustträchtiges Stahlwerk. Carl hatte in Rußland noch allerlei glücklose Unternehmungen begonnen, unter anderem ein Sägewerk und eine Glashütte.

Im Gegenzug für seine finanzielle Großzügigkeit erwartete Werner, daß die Brüder seine Vorstellungen vom Gesamtgeschäft unter seiner Berliner Leitung akzeptierten. Durch Carls Vermittlung, der weniger Schwierigkeiten hatte, den älteren Bruder anzuerkennen, ließ sich diese Geschäftsidee bis 1880 formal aufrechterhalten. Die dann eintretende Reorganisation hatte mehrere Gründe: Carls Rückkehr nach Rußland, Wilhelms fortschreitende Distanzierung vom gemeinsamen Geschäft und schließlich Werners Wunsch, vor allem seine Söhne in das Unternehmen mit einzubinden.

Werner von Siemens hatte insgesamt sechs Kinder. Aus seiner ersten Ehe mit Mathilde Drumann gingen vier Kinder, die beiden Söhne Arnold (* 1853) und Wilhelm (* 1855) und die beiden Töchter Anna (* 1858) und Käthe (* 1861) hervor; in seiner zweiten Ehe mit Antonie Siemens, der Tochter eines entfernten Verwandten, die er vier Jahre nach dem Tod seiner ersten Frau schloß, wurden eine weitere Tochter, Hertha (* 1870), und ein Sohn, Carl Friedrich (* 1872), geboren. Seine Söhne wollte Werner von Siemens gerne als seine Nachfolger sehen. Die beiden älteren, Arnold und Wilhelm, die zu seiner großen Freude beide im Unternehmen tätig wurden, sollten daher nach seinem Wunsch bald als Mitinhaber an der Verantwortung und an den Gewinnen teilhaben. Auch hierin ergab sich eine andere Situation als bei seinen Brüdern: Wilhelm war kinderlos, Carls Sohn Werner zeigte wenig kaufmännische und technische Neigung und war kränklich. Der neue Gesellschaftsvertrag vom 28. Dezember 1880 bestimmte daher nur, daß die Partner einer Aufnahme von Werners Söhnen, von Carls Sohn und von einer Vertrauensperson Wilhelms in das Geschäft zu einem späteren Zeitpunkt prinzipiell zustimmten. Tatsächlich wurden zum 1. Januar 1882 Arnold, zum 25. April 1884 Wilhelm als Mitinhaber aufgenommen.

Mit dem neuen Gesellschaftsvertrag wurde die Aufnahme der zweiten Generation geregelt, an der Werner am meisten gelegen sein mußte. Dafür wurde die Trennung des Londoner Hauses vom Hauptgeschäft besiegelt. Die Aktiengesellschaft Siemens Brothers & Co. Ltd. war nur noch durch eine gemeinsame Kapitalverwaltung mit Berlin verbunden. Zwar hatte Werner als Chairman der Aktionärsvertretung eine allgemeine Aufsichtsfunktion, schon allein wegen der räumlichen Trennung mußten der Geschäftsführung aber weitgehende Vollmachten zugebilligt werden. Die Londoner Leitung oblag Ludwig Löffler, der nach Wilhelms Tod 1883 kaum noch einer Aufsicht aus der Familie unterstand. Der von Wilhelm bestimmte Nachfolger, sein weitläufig verwandter Neffe Alexander Siemens, war loyal gegenüber Berlin und seinem Onkel Werner von Siemens, konnte und wollte sich gegen den managing director Löffler aber nicht durchsetzen.

Ein erster Streitpunkt war die Berechnung der Selbstkosten, zu denen Berlin das Londoner Geschäft belieferte. Löffler argwöhnte stets eine zu hohe Veranschlagung der Selbstkosten, ein Streit, den er bereits zu Zeiten des Gesamtgeschäftes mit den Berliner Prokuristen geführt hatte. Weit gravierender als diese lästigen Querelen war aber der zweite Streitpunkt: Das Konkurrenzverhältnis, in dem London und Berlin nach der Auflösung des Gesamtgeschäftes auf dem Weltmarkt standen, war die Ursache für eine längere Auseinandersetzung zwischen Werner von Siemens und Ludwig Löffler, der sogenannten Löffler-Krise. Nach 1883 brach offen ein Interessenkonflikt aus, der zwar schon seit den 1860er Jahren existierte, aber unter den Siemens-Brüdern bis dahin einigermaßen gütlich geregelt worden war. Der Gesellschaftsvertrag von 1880 sah vor, daß beide Häuser sich auf dem Weltmarkt keine Konkurrenz machen sollten. Für Löffler bedeutete dies, daß der gesamte überseeische Markt exklusiv dem Londoner Geschäftsbereich zufallen sollte. Er berief sich dabei auf einen heute nicht mehr vorhandenen Sonderparagraphen im Gründungsvertrag der Familienaktiengesellschaft. Berlin wollte dagegen Siemens Brothers auf England und die britischen Kolonien beschränkt wissen. Für S & H Berlin wäre es verhängnisvoll gewesen, Kunden aus Übersee stets an das Londoner Haus weiterzuverweisen, denn die Londoner Preise lagen weit über den Berliner Ansätzen, so daß potentielle Kunden wohl zur Konkurrenz gewechselt wären.[153] Über diesen Versuch, die Aktivitäten des Berliner Stammhauses zu beschneiden, äußerte Werner von Siemens sich überaus erbittert in einem Brief an seinen Bruder Carl:

> „Ich würde lieber im Konfliktfalle als Mitleiter des Berliner Geschäftes schon jetzt austreten, als meine Unterschrift dazu geben, das Stammgeschäft der Firma, mein eigenstes Werk, zum künftigen Siechtum durch Unterbindung seiner Lebensadern zu verurteilen. Die Mutterliebe, mit der Berlin seinen Kindern immer gegeben hat, muß auch ihre Grenzen finden."[154]

Die Lösung des Problems wurde dadurch erschwert, daß Löffler als Nicht-Familienmitglied auch Aktionär von Siemens Brothers war, zunächst mit einer sehr kleinen Aktienmenge, die er aber durch geschickte Zukäufe von anderen Beamten Ende 1886 zu einer Sperrminorität von über 25% ausbauen konnte. Damit konnte er seine Absetzung verhindern und versuchte seinerseits, Werner von Siemens zu einer Einigung nach seinen Vorstellungen zu bewegen. S & H reagierte darauf mit einer Klage gegen Löffler, die Siemens Brothers mit einer Gegenklage wegen „fortgesetzter, unrechtmäßiger Konkurrenz auf dem Weltmarkt"[155] beantwortete. Werner und Carl Siemens hätten diese Klage aufgrund ihrer Kapitalmehrheit an Siemens Brothers zurücknehmen können, was ihnen wegen der englischen Rechtsverhältnisse aber nicht ratsam erschien. Sie einigten sich schließlich außergerichtlich mit Löffler, der dabei einem Verkauf seiner Anteile an Werner von Siemens zustimmte. Er mußte aufgrund dieses Vertrages sofort 600 Aktien zum Preis von 85 Pfund an Werner von Siemens geben und weitere 625 Anteile bis spätestens zum 1. Januar 1891 zu diesem Preis übertragen. Bis zur tatsächlichen Rückgabe durfte er aber sein Dividendenrecht geltend machen. Die restlichen 28 Aktien mußte Löffler an Alexander Siemens verkaufen.

Dieser langwierige Streit mit London hatte schwerwiegende Folgen: Während die Elektroindustrie weltweit ihren Aufschwung erlebte und die Konkurrenz mit Hilfe des neu geschaffenen Bankensystems schnell expandierte, wurde die Weiterentwicklung von S & H auf dem Weltmarkt stark verzögert. Da das Londoner Haus zudem weiterhin hauptsächlich das Kabelgeschäft pflegte,

[153] Ausführlich zu dieser Problematik v. Weiher, Überseegeschäft, S. 131-137.

[154] 25. Dezember 1884, in: Matschoß, Briefe II, S. 837.

[155] Zitiert nach v. Weiher, Überseegeschäft, S. 163.

kam Siemens mit der Erschließung neuer Märkte für die Starkstromtechnik zudem schnell in Rückstand zur Konkurrenz. Bis zum Ausscheiden von Werner von Siemens blieben die überseeischen Märkte von S & H nahezu unbearbeitet.

Solche Auseinandersetzungen mit Nicht-Familienmitgliedern blieben kein Einzelfall, wenn auch die Löffler-Krise in ihren Auswirkungen für das Gesamtunternehmen die bei weitem gravierendste war. Auch mit dem Vetter Louis Siemens, der an der Fabrik in Charlottenburg beteiligt war, gab es Schwierigkeiten, so daß die Brüder am liebsten schon vor dem Vertragsende 1885 die Zusammenarbeit beendet hätten.

Obwohl die Rechtsform der Aktiengesellschaft oder die Aufnahme weiterer Gesellschafter die Möglichkeit geboten hätte, die Eigenkapitalbasis stark zu erweitern, hielt Werner von Siemens am „Familienprinzip" fest.[156]

Nach den schlechten Erfahrungen mit London zog es Werner sogar seinem Bruder Carl, mit dem er immer gut ausgekommen war, gegenüber vor, formal das Recht auf Kündigung der Zusammenarbeit zu haben. Im letzten Gesellschaftsvertrag, der den Aufbau des Unternehmens nach seinem eigenen Ausscheiden bestimmen sollte, ging es ihm vor allem darum, seinen Söhnen in Berlin die unumschränkte Verfügung zu sichern. Bei Carl warb er um Verständnis für diesen Schritt:

„Es bleibt also Berlin, welches ich mir immer als Erbsitz meiner Söhne vorgestellt habe. Ich bin ja so glücklich, zwei Söhne zu haben, die voll befähigt sind und sich auch dazu berufen fühlen, das Geschäft nach uns fortzuführen, und ein dritter Sohn scheint sich nach derselben Richtung gut zu entwickeln. Denen will ich unter allen Umständen das Geschäft unter Verhältnissen überlassen, welche die Fortführung sicherstellen. Das bedingt zweierlei. Einmal müssen alle Erbschaftsbehörden pp. von der Geschäftsleitung und den Kapitalbestimmungen ausgeschlossen werden, und dann dürfen keine Interessenten vorhanden sein, welche die Liquidation verlangen können. Aus diesem Grunde bin ich für den Passus gewesen, daß jeder von uns berechtigt wäre, nach Ablauf des Gesellschaftscontractes zu verlangen, daß er das von ihm geführte Geschäft auf alleinige Rechnung übernehmen und daß die übrigen Teilnehmer nach dem Buchwerte auszuzahlen wären."[157]

---

[156] Carl an Werner, Petersburg, 21. Dezember 1887: „Wozu fremde Leute als Vertreter Verstorbener hineinbringen? Wenn ich sterbe, tritt laut Testament mein Sohn an meine Stelle und wahrscheinlich machst Du es gerade so mit Deinen Söhnen. Was fremde Leute bedeuten, haben wir ja an Löffler und Louis S. gesehen." SAA WP Briefe.

[157] Werner an Carl, Charlottenburg, 25. Dezember 1887; SAA WP Briefe.

Bild 40
Werner von Siemens, 1892

Gleichzeitig beruhigte er aber seinen Bruder, daß weder er noch seine Söhne die Absicht hätten, ihn von der Berliner Geschäftsleitung in Zukunft auszuschließen. In der Tat holten Arnold und Wilhelm nach dem Tode von Werner von Siemens umgehend ihren Onkel als Senior nach Berlin.

Diese patriarchalische Haltung in Fragen des Gesellschaftsrechts der Firma und in der Personalpolitik erstaunen bei einem Mann, der sich selbst als liberal bezeichnete. Der starke Familiensinn hielt den sonst umsichtigen Unternehmer von wichtigen Reformen ab und begünstigte den „aufhaltsamen Aufstieg der AEG".[158] Querelen wie die Löffler-Krise verhinderten, daß die Firma Siemens & Halske im durchaus möglichen Maße den Anschluß an die weltweite Expansion der deutschen Elektrotechnik behielt. Das Unternehmen geriet aufgrund seiner Unternehmenspolitik in einen Rückstand zur Konkurrenz, der jedoch bereits unter Werners Söhnen wieder ausgeglichen werden konnte.

---

[158] Vgl. Kocka, Siemens.

Von seinem bestimmenden Einfluß im Unternehmen mochte sich Werner von Siemens nur ungern trennen. Der Kommandit-Vertrag vom 27. Dezember 1889, mit dem er als Mitinhaber ausschied und zum 1. Januar 1890 als Kommanditist eintrat, räumte ihm zahlreiche Rechte ein. Er behielt sich vor, bei zentralen Entscheidungen wie Grundstücks- und Geschäftskäufen und -verkäufen, der Gründung von Zweigniederlassungen, dem Abschluß von Geschäften über 100 000 Mark, der Anstellung und Entlassung hoher Beamter, konsultiert zu werden. Außerdem konnte er weiterhin an Konferenzen teilnehmen und hatte unbeschränkt Einsicht in Akten und Korrespondenz.

Als äußeres Zeichen seiner Integration behielt er sein Arbeitszimmer und konnte für seine Privatbuchhaltung und Korrespondenz weiterhin auf Beamte der Firma zurückgreifen.[159] Diese Rechte wurden ausdrücklich ad personam festgeschrieben und galten nicht für seine Erben. Wirklich freie Hand erhielten seine Söhne Arnold und Wilhelm, die mit der Geschäftsleitung betraut waren, erst nach seinem Tode.

Betriebliche Sozialpolitik

Wenn Werner von Siemens auch bemüht war, die Schlüsselstellen in seinem Unternehmen mit Personen zu besetzen, die ihm gegenüber wegen familiärer oder freundschaftlicher Verbindungen sicherlich loyal waren, so mußte er doch vorwiegend mit Angestellten und Arbeitern zusammenarbeiten, zu denen er keine besondere Bindung hatte. Gefördert durch den bei guter Auftragslage sich immer wieder bemerkbar machenden Mangel an qualifizierten Arbeitern,[160] machte er sich schon frühzeitig Gedanken darüber, wie er seine Mitarbeiter an das Unternehmen binden und sie motivieren konnte. Auch fühlte er sich ihnen gegenüber moralisch verpflichtet, sie nicht nur zu entlohnen, sondern ihnen einen Anteil am gemeinsam erwirtschafteten Gewinn zukommen zu lassen. Seinem Bruder Carl schrieb er:

---

[159] Kommandit-Vertrag, Petersburg, 27.Dezember 1889, Berlin, 10. Januar 1890, Paragraph 13; SAA 21/Li 53.

[160] Vgl. Schreiben Werner Siemens an Carl vom 22. November 1854: „Es fehlt an Mechanikern... Es ist schwer, verläßliche Leute zu finden.“ SAA WP Briefe.

„Mir würde das verdiente Geld wie glühendes Eisen in der Hand brennen, wenn ich treuen Gehilfen nicht den erwarteten Anteil gäbe. Es wäre auch nicht klug von uns, sie leer ausgehen zu lassen im Augenblicke großer neuer Unternehmungen."[161]

Bei den leitenden Beamten[162], die viel Verantwortung trugen, erschien ihm dafür das System einer Gewinnbeteiligung am erfolgversprechendsten. Der Kreis dieser ‚Tantiemisten' blieb stets sehr klein[163], nachrangige Mitarbeiter erhielten aber auch Prämien. Werner von Siemens fühlte sich zwar zu einer Gewinnbeteiligung moralisch verpflichtet, sah aber auch die Vorteile für das Unternehmen, wenn die Ziele der Angestellten und der Firmenleitung deckungsgleich wurden. In einem Brief an seinen Bruder Carl heißt es:

„Ich habe noch immer gefunden, daß es die größte Verschwendung ist, diejenigen, die an der Leitung von Geschäften beteiligt sind, nicht am Resultat zu beteiligen. Eine einzige Dummheit weniger kann das schon wieder einbringen! Bei großen und namentlich verzweigten Geschäften, die man nicht selbst übersehen und speziell dirigieren kann, muß man einen wesentlichen Teil des Gewinns seinen Stellvertretern zuwenden. Das ist eine Grundregel für den guten Betrieb großer Geschäfte! Seit in Berlin alle Meister sogar eine jährliche, vom Werkstattgewinn abhängige Prämie erhalten, ist ein ganz anderer Geist eingezogen; wir arbeiten mehr, billiger und besser und wissen dabei nicht die Arbeit zu bewältigen!"[164]

In der Berliner Werkstatt hatte Werner von Siemens schon früh Personalpflege betrieben, um sich auch eine möglichst hohe Kontinuität im Arbeiterstamm zu sichern und einen Mangel an Facharbeitern zu vermeiden. Bereits seit 1855 wurden zu Weihnachten nach individueller Leistung und Geschäftsergebnis Prämien gezahlt. Darüberhinaus bemühte sich Werner von Siemens um einen guten persönlichen Kontakt zu seinen Arbeitern und lud zum Beispiel die Meister und Beamten bis nach 1870 jedes Jahr zu

---

[161] 16. Juni 1868, in: Matschoß, Briefe I, S. 292.

[162] Zu den Beamten der Telegraphen-Bauanstalt zählten Prokuristen, Buchhalter, Werkstattvorsteher, Kassierer, Registratoren, Werkmeister, Werkstattschreiber, Materialverwalter, Zeichner und Komptoirdiener.

[163] Der erste Prokurist und Oberingenieur William Meyer, der zunehmend die innere Leitung des Unternehmens, das sich bis 1872 keine Geschäftsordnung gegeben hatte, übernahm, erhielt als Tantieme ab 1860 5 % vom Gesamtgeschäft, der Buchhalter Carl Haase, der das kaufmännische Rechnungswesen der Firma in der bis in das 20. Jahrhundert gültigen Form aufbaute, erhielt ebenso wie der Werkstattvorsteher Weiß 2,5 % vom Berliner Geschäft.

[164] Ragaz, 17./18. Juli 1868; SAA WP Briefe.

Himmelfahrt in sein Haus ein, um im persönlichen Gespräch mehr über ihre Wünsche und Sorgen zu erfahren.

Das starke Anwachsen des Unternehmens und eine Umstellung von der eher handwerklichen auf eine „fabrikmäßige“ Produktion erschwerten allerdings mit der Zeit diesen persönlichen Kontakt. Die Mitarbeitermotivation mußte auf andere Weise gefördert werden, so zum Beispiel durch die Einführung des Akkordlohns, die es den Arbeitern rasch ermöglichte, wesentlich höhere Löhne als zuvor zu erzielen. Gleichzeitig war Werner von Siemens weitblikkend genug, die stärkere Belastung durch die Akkordarbeit zu erkennen und mit einer Reduzierung der Arbeitszeit zu reagieren. Bei S & H wurden seit 1872 noch neun Stunden täglich (54 Wochenstunden) gearbeitet. Trotz der deutlich gestiegenen Reallöhne kam dabei auch der Unternehmer auf seine Kosten: Die Selbstkosten für die einzelnen Erzeugnisse gingen mit der Einführung des Akkordsystems zurück.

Dennoch wurde das Akkordsystem von der alten, eher handwerklich orientierten Belegschaft mit Vorbehalten aufgenommen. Eine bedeutende Sozialleistung war die 1872 zum 25jährigen Bestehen der Firma Siemens & Halske eingerichtete Pensionskasse, die als Altershilfe für die Arbeiter und auch als Mittel der Bindung jüngerer Mitarbeiter an die Firma dienen sollte, zumal in den 1870er Jahren mit der Einführung der freien Berufswahl und des Koalitionsrechts die Zahl der Arbeitsplatzwechsel in der gesamten Wirtschaft erheblich anstieg. Die mit 50 000 Talern aus Mitteln der drei Brüder Siemens und 10 000 Talern Zuschuß von Halske gegründete Kasse diente der Steigerung der Loyalität der großen Mehrheit der Mitarbeiter, die keine Tantiemen bezogen und bei denen man eine direkte Gewinnbeteiligung letztlich für nicht praktikabel hielt. Überlegungen in bezug auf eine solche Kasse hatte er schon früher gegeben. Bereits 1868 hatte Werner von Siemens überlegt, eine Pensionskasse für alle Geschäfte einzurichten und schrieb an seinen Bruder Carl:

„Jedenfalls müssen wir auch für das Tifliser Geschäft (Berg- und Hüttenmännisch) eine Pensionskasse begründen. Ich denke, wir machen eine gemeinsame, große, zu der die verschiedenen Geschäfte und die Leute selbst beitragen. Überlege Dir das doch gründlich. Im Übrigen haben Halske und ich den Reservefonds immer als ein Mittel betrachtet, die Leute an uns fest zu halten, nicht bloß die Tantiemisten.“[165]

[165] Werner an Carl, 18. Juli 1868. SAA WP Briefe.

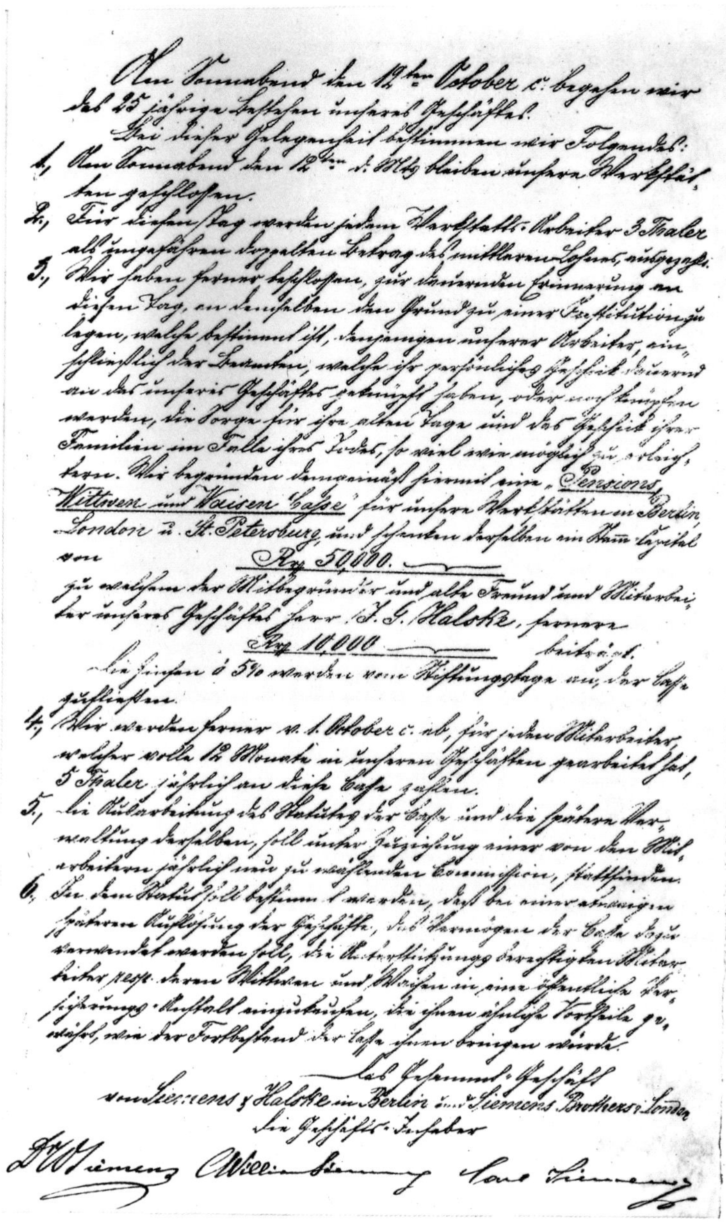

Am Sonnabend den 12ten October c. begehen wir das 25 jährige Bestehen unseres Geschäftes.

Bei dieser Gelegenheit bestimmen wir Folgendes:

1, Am Sonnabend den 12ten d. Mts bleiben unsere Werkstätten geschlossen.

2, Für diesen Tag werden jedem Werkstatt-Arbeiter 3 Thaler als ungefähren doppelten Betrag des mittleren Lohnes, ausgezahlt.

3, Wir haben ferner beschlossen, zur dauernden Erinnerung an diesen Tag, an demselben den Grund zu einer Institution zu legen, welche bestimmt ist, denjenigen unserer Arbeiter, einschließlich der Beamten, welche ihr persönliches Geschick dauernd an das unseres Geschäftes geknüpft haben, oder noch knüpfen werden, die Sorge für ihre alten Tage und das Geschick ihrer Familien im Falle ihres Todes, so viel wie möglich zu erleichtern. Wir begründen demgemäß hiermit eine „Pensions, Wittwen und Waisen Casse" für unsere Werkstätten in Berlin London u. St. Petersburg, und schenken derselben ein Stamm-Capital von

Rthl. 50000.—

zu welchem der Mitbegründer und alte Freund und Mitarbeiter unseres Geschäftes Herr J. G. Halske, ferner

Rthl. 10000.—

beiträgt.

Die Zinsen à 5% werden vom Stiftungstage an, der Casse zufließen.

4, Wir werden ferner v. 1. October c. ab, für jeden Mitarbeiter welcher volle 12 Monate in unseren Geschäften gearbeitet hat, 5 Thaler jährlich an diese Casse zahlen.

5, Die Ausarbeitung des Statuts der Casse und die spätere Verwaltung derselben, soll unter Zuziehung einer von den Mitarbeitern jährlich neu zu wählenden Commission, stattfinden.

6, In dem Statut soll bestimmt werden, daß bei einer etwaigen späteren Auflösung der Geschäfte, das Vermögen der Casse dazu verwendet werden soll, die Antheilsberechtigten Mitarbeiter resp. deren Wittwen und Waisen in eine öffentliche Versicherungs-Anstalt einzukaufen, die ihnen ähnliche Vortheile gewährt, wie der Fortbestand der Casse ihnen bringen würde.

Das Gesammt-Geschäft
von Siemens & Halske in Berlin und Siemens Brothers in London
die Geschäfts-Inhaber

Dr W Siemens CWilliam Siemens Carl Siemens

Bild 41 Stiftungsurkunde der Pensionskasse, 21. Oktober 1872

Den Grundstock für die Pensionskasse im Alters- und Invaliditätsfall bildete eine Schenkung von 60 000 Talern. Darüber hinaus verpflichtete sich das Unternehmen, für jeden Arbeiter und Beamten jährlich einen Beitrag an die von den Beteiligten gewählte Kassenverwaltung zu zahlen. Nach 30jähriger kontinuierlicher Tätigkeit bei der Firma waren die Arbeiter dann berechtigt, Altersbezüge in Höhe von zwei Dritteln des aktiven Lohns zu erhalten. Gleichzeitig bot die Kasse eine Unterstützung für Witwen und Waisen. Die Ansprüche gingen nur bei Kündigung von Seiten des Arbeitnehmers verloren. Bei Entlassungen wegen mangelnder Arbeit erhielten die Arbeiter einen Anrechtsschein auf Wiedereintritt.

Viele Arbeiter arbeiteten weiter, wenn sie bereits Ruhegeld bezogen, und schätzten die Pension als zusätzliches Einkommen und beruhigende Absicherung. Die Bindung an das Unternehmen wurde durch die Kasse sehr erhöht, zumal sie im Gegensatz zur staatlichen Alters- und Invaliditätsversicherung, die 1889 verpflichtend wurde, beitragsfrei war. Von der gesetzlichen Altersversicherung blieb die Pensionskasse als betriebliche Maßnahme unberührt.

In seiner betrieblichen Sozialpolitik unterdrückte Werner von Siemens aus rationalen Erwägungen seine patriarchalischen Neigungen, die bei seiner „Unternehmensphilosophie" stark zu Tage traten. Eine Einmischung in die privaten Angelegenheiten seiner Arbeiter im Sinne einer „Gutsherrenhaltung", wie wir sie zum Beispiel bei Alfred Krupp beobachten können, ist bei Werner von Siemens auch nicht in Ansätzen erkennbar. Die Scheu vor einem solchen neopatriarchalischen Zugriff auf die Arbeiterschaft ließ ihn trotz der schwierigen Wohnungssituation in Berlin auf den Bau von Werkswohnungen verzichten. Pläne dazu gab es bei S & H bereits 1883.[166]

Die unternehmerische Haltung von Werner von Siemens war von der Überzeugung geprägt, daß die sozialen Probleme auf der Basis des Zugeständnisses gelöst werden müßten, da alle in einem Unternehmen tätigen Personen voneinander lebten. Sein gesunder Egoismus ließ ihn in den Verhandlungen mit den Arbeitern immer wieder einen Weg finden, einerseits ihren legitimen Anspruch zu erfüllen, andererseits alles abzulehnen, was nach seiner Meinung

---

[166] Vgl. Conrad, Erfolgsbeteiligung, S. 120; Czada, Elektroindustrie, S. 119.

die Firma und damit die Erwerbsmöglichkeiten der Arbeiter ruinieren könnte.

In seinen Lebenserinnerungen formuliert Werner von Siemens seine Motivation für innerbetriebliche Sozialleistungen so:

> „Es war mir schon früh klargeworden, daß eine befriedigende Weiterentwicklung der stetig wachsenden Firma nur herbeizuführen sei, wenn ein freudiges, selbsttätiges Zusammenwirken aller Mitarbeiter zur Förderung ihrer Interessen erwirkt werden könnte. Um dieses zu erzielen, schien es mir erforderlich, alle Angehörigen der Firma nach Maßgabe ihrer Leistungen am Gewinne zu beteiligen."[167]

Die Erkenntnis, daß die Arbeitszufriedenheit seiner Mitarbeiter sein ureigenstes Interesse war, verband sich aufs Glücklichste mit seiner philanthropischen und fürsorgenden Grundhaltung. Eine Kehrseite existierte allerdings auch: Werner von Siemens erwartete von seinen Mitarbeitern unbedingte Loyalität und eine strikte Einhaltung des Arbeitsfriedens.[168] Anstehende Konflikte sollten grundsätzlich intern und unter Ausschaltung von Außenstehenden gelöst werden. Verstöße gegen die hierarchische Firmenstruktur wurden mit Strafen bis zur Entlassung geahndet, ein Führungsstil, der von Kocka mit der auf den ersten Blick etwas widersprüchlichen Formulierung „liberaler Patriarchalismus" bezeichnet wurde, jedoch eher als fürsorgerischer Patriarchalismus anzusehen ist.

Auf der Leitungsebene bevorzugte Werner von Siemens anstelle strikter vertraglicher Regelungen weiterhin einen engen informellen Kontakt, der mit wachsender Größe des Unternehmens sehr zu seinem Bedauern zur mittleren Beamtenschicht verloren ging. Das Top-Management blieb in der Hand der Familie und enger Freunde.

---

[167] Vgl. Werner von Siemens, Lebenserinnerungen, S. 283.

[168] Werner von Siemens sah daher die betrieblichen Kassen auch als ein geeignetes Mittel zur Bekämpfung der „Streikmanie". Vgl. Werner von Siemens, Lebenserinnerungen, S. 201.

Die politische Haltung des Unternehmers Werner von Siemens

Werner von Siemens war als Unternehmer und auch als Wissenschaftler und Erfinder zu stark eingespannt, um sich mit Hingabe und über längere Zeit der Politik widmen zu können. Politisch betätigt hat er sich daher nur über kürzere Zeitspannen und in bestimmten Sachfragen, an denen er besonderes Interesse hatte. Als Politiker oder auch als Lobbyist hat er sich nie verstanden.

Für die politische Einstellung von Werner von Siemens ist sicherlich das liberal geprägte Elternhaus verantwortlich gewesen, für die späteren Modifikationen der Kontakt mit dem preußischen Staat. Für seine liberale Grundhaltung gibt es, wie bereits dargestellt, schon in der Militärzeit zahlreiche Indizien, als deren deutlichstes die vorbehaltlose Begrüßung der Revolution von 1848 anzusehen ist. Da er jedoch auf den preußischen Staat und später auf das besonders reaktionäre Rußland als Auftragsgeber angewiesen war, blieb er aus Geschäftsinteresse zu den Revolutionären auf Distanz. Diese Haltung wird um so verständlicher, wenn man bedenkt, daß Werner von Siemens zum Beispiel vor der Einreise nach Rußland mehrfach politisch überprüft wurde.

Seine eigentliche politische Tätigkeit begann Werner von Siemens erst in den 1860er Jahren, obwohl seine Firma noch im Aufbau und immer noch voller finanzieller und organisatorischer Probleme war. 1860 trat er in den Nationalverein ein. In diesem hatten sich 1859 nach dem Vorbild der italienischen Societ Nazionale Liberale und Demokraten zusammengeschlossen, um die deutsche Einheit zu fördern. Je mehr sich Preußen von den Anfängen der Neuen Ära unter Wilhelm I. einer nichtkonstitutionellen Politik zuwandte, desto schwieriger wurde die Position des Nationalvereins.

Eindeutig in die Opposition zur preußischen Regierung begab sich Werner von Siemens, als er 1861 Kontakt zu Landtagsabgeordneten knüpfte, die vor allem in Opposition gegen die von Roon initiierte preußische Heeresreform eine neue liberale Partei gründen wollten. In seinen Lebenserinnerungen schreibt Werner von Siemens sich das Verdienst zu, an der Namensgebung dieser neuen Partei maßgeblich beteiligt gewesen zu sein. Der Abgeordnete Schulze-Delitzsch habe als Namen „Deutsche Partei“, er, Werner von Siemens, „Fortschrittspartei" vorgeschlagen. Beschlossen wurde dann die Gründung der „Deutschen Fortschrittspartei".

Die Deutsche Fortschrittspartei feierte bereits bei den Landtagswahlen im Dezember 1861 einen großen Erfolg und wurde mit 109 Abgeordneten die stärkste Gruppe im Parlament. Zusammen mit dem linken Zentrum konnte sie die Regierungspläne bezüglich der Heeresreform blockieren. Der König reagierte darauf mit einer Entlassung der liberalen Minister und der Auflösung der Kammer im März 1862.

Für die Neuwahlen konnten seine Parteifreunde Werner von Siemens als Kandidaten für den Wahlkreis Solingen-Remscheid gewinnen. Der triumphale Erfolg der Fortschrittspartei, die 230 von 352 Mandaten errang, verschaffte auch Werner von Siemens einen Sitz im Landtag, so daß er mit seiner Partei weiterhin eine oppositionelle Linie in der Heeresfrage verfolgen konnte. Auf dem Höhepunkt des Streits um die Heeresvorlagen schrieb er am 10. Juni 1863 an seine Frau:

„Ich bin entschlossen, mir nicht das geringste gefallenzulassen, komme daraus, was wolle. Bleibt Preußen lange wie es ist, so habe ich gar nicht Lust, ihm noch lange die Ehre meiner Gegenwart zu schenken."[169]

Werner von Siemens ist jedoch charakteristisch für die Wandlung vieler deutscher Liberaler. Die militärischen Erfolge Bismarcks ließen ihn unsicher werden, und namentlich der Sieg im deutsch-österreichischen Krieg 1866 bewirkte einen Stimmungsumschwung, der in einem Schreiben vom September 1866 an seinen Bruder Wilhelm deutlich wird:

„Daß Bismarck wirklich jetzt vom Heiligen Geiste einer großen nationalen Mission ergriffen ist, daß er den Willen hat, kein halbes, sondern ein ganzes Deutschland zu begründen, davon bin ich jetzt fest überzeugt. Darum habe ich mich auch von den meisten meiner alten politischen Freunde getrennt und habe für das Vertrauensvotum für seine äußere Politik gewirkt und gestimmt, als welches er die Bewilligung des Kredites auffassen zu wollen erklärte. Damit soll nun aber, wie ich denke, meine politische Laufbahn vorderhand wenigstens abgeschlossen sein. Ich werde meinen Wählern Rechenschaft ablegen und gleichzeitig mein Mandat niederlegen."[170]

---

[169] Vgl. Werner von Siemens, Lebenserinnerungen, S. 202.

[170] SAA WP Briefe.

Werner von Siemens befürwortete daher die Versöhnung des Abgeordnetenhauses mit der Regierung. Mit einem Indemnitätsgesetz, das die Regierung von ihrer Verantwortung für nicht bewilligte Ausgaben der Jahre 1862–65 entlastete, gelang schließlich auch der Ausgleich.

Die Fortschrittspartei geriet nach der Schlacht von Königgrätz in eine Krise. Bei den Wahlen im Juli 1866 hatte sie schwere Verluste hinzunehmen, im Herbst spaltete sich eine Gruppe ab, die den Grundstock für die Nationalliberale Partei bildete, die im künftigen Norddeutschen Reichstag ihr Auskommen mit Bismarck suchte und fand. Für den Landtag oder Reichstag kandidierte Werner von Siemens künftig nicht mehr.

Als Liberaler, der mit Bismarck nach 1866 seinen Frieden machte, stand Werner von Siemens keineswegs allein. Große Teile des deutschen Bürgertums dachten damals ähnlich und zogen sich im Vertrauen auf Bismarck aus der Politik zurück. Werner von Siemens hat seine Entscheidung rückblickend bedauert, nachdem er feststellen mußte, daß die landbesitzende führende Schicht ihre politische Führungsrolle behaupten konnte.

Wenn Werner von Siemens sich 1866 aus der Politik zurückzog, war daran nicht allein die Krise des preußischen Liberalismus schuld, sondern auch eine Auseinandersetzung mit seinem Wahlkreis Solingen-Remscheid. Mit den dortigen Fabrikanten gab es Meinungsverschiedenheiten über die Kennzeichnungspflicht deutscher Ware und über die Schutzzölle. Werner von Siemens befürwortete nachdrücklich die Kennzeichnung deutscher Ware als deutsch, anstatt sie wie bislang üblich mit englischen Siegeln zu versehen. Darin sah er auch einen wichtigen Beitrag zur Ausbildung des deutschen Fabrikantenstolzes. Auch als Lobbyist für Schutzzölle wollte er sich nicht einspannen lassen, denn er schätzte deren Wirkung eher nachteilig ein:

„Ein wirksames Schutzzollsystem, welches der Industrie den Konsum des eigenen Landes sichert, läßt sich überhaupt nur dann konsequent durchführen, wenn dieses Land, wie z. B. die Vereinigten Staaten von Nordamerika, alle Klimate umfaßt und alle Rohprodukte, deren seine Industrie bedarf, selbst erzeugt. Ein solches Land kann sich gegen jeden Import absperren, vermindert dadurch aber gleichzeitig seine eigene Exportfähigkeit. Es muß als ein Glück für Europa betrachtet werden, daß Amerika durch sein prohibitives

Schutzzollsystem die gefahrdrohende, schnelle Entwicklung seiner Industrie gehemmt und seine Exportfähigkeit verringert hat."[171]

Solche profunden Meinungsverschiedenheiten mit den auf Schutzzölle drängenden Fabrikanten seines Wahlkreises machten Werner von Siemens den Abschied von seinem Abgeordnetenmandat zusätzlich leicht. In der Rückschau hatte der zum nationalliberalen Bismarck-Freund gewechselte frühere Oppositionelle sogar etwas Mühe, seine frühere Haltung zu rechtfertigen. In seinen Lebenserinnerungen hat er Schwierigkeiten, seine ablehnende Position gegen die Erhöhung des preußischen Militärbudgets ins rechte Licht zu rücken. In der Tat hatte ihn seine Opposition aus den 1860er Jahren bei Wilhelm I. nachhaltig Sympathien gekostet. Bei einer offiziellen Gelegenheit soll dieser recht unwirsch gesagt haben, er kenne keinen Leutnant Siemens. So war es denn auch erst dessen Nachfolger, der liberal gesinnte Kaiser Friedrich III., der Werner von Siemens 1888 in den Adelsstand erhob.

Der Verzicht auf eine erneute Kandidatur und die Wandlung von einem Oppositionellen in einen Mann, der die Bismarck'sche Politik im wesentlichen befürwortete, bedeuteten jedoch nicht, daß Werner von Siemens sich gänzlich aus der Politik zurückzog. Nun waren es aber mehr Spezialfragen, zu denen er als Sachverständiger konsultiert wurde oder an denen er besonderes eigenes Interesse hatte. Besonders am Herzen lag ihm die Neuordnung des Patentwesens, der er sich nach dem Deutsch-Französischen Krieg 1870/71 mit großer Energie zuwandte. Patente wurden in Preußen nach Ermessen der Beamten höchstens auf drei Jahre erteilt und mußten bislang in jedem Staat des Zollvereins einzeln beantragt werden. Erfinder bemühten sich daher, ihre Erfindungen zunächst in England, Frankreich oder Nordamerika zu verwerten, wo sie einen wesentlich umfassenderen Patentschutz genossen.

Werner von Siemens hatte bereits 1863 für die Berliner Handelskammer, in deren Ältestenkollegium er seit 1855 tätig war, ein Gutachten zum Patentschutz verfaßt. Um die Sache nun voran zu bringen, rief er einen Patentschutzverein unter seinem Vorsitz ins Leben, für den er auch einige Juristen gewinnen konnte. Dieser Verein arbeitete einen Gesetzentwurf aus, der folgende Regelung vorsah: Jede gemeldete Erfindung mußte zunächst auf ihre Neuheit hin voruntersucht werden, eine Beschreibung öffentlich aus-

---

[171] Vgl. Werner von Siemens, Lebenserinnerungen, S. 208.

gelegt werden. Erteilte Patente sollten dann vollständig publiziert werden, der Patentschutz bei jährlich steigenden Abgaben bis auf 15 Jahre ausgedehnt werden. Ein Patentgericht konnte nachträglich über die eventuelle Nichtigkeit von Patenten befinden.

In seinen Lebenserinnerungen hob Werner von Siemens besonders hervor, daß dieses Gesetz seinen freihändlerischen Überzeugungen in keiner Weise zuwiderlief, da der Patentschutz an die sofortige und vollständige Veröffentlichung der Erfindung gekoppelt war. Die Reichsregierung reagierte nicht sofort auf den Vorschlag des Patentvereins. In einer Eingabe an den Reichskanzler wies Werner von Siemens auf den schlechten Ruf deutscher Produkte im Ausland hin, die als billig und schlecht galten, und betonte, daß der verbesserte Patentschutz hier Abhilfe schaffen konnte. Daraufhin wurde 1876 ein neues Patentgesetz verabschiedet, das eine leicht modifizierte Fassung des Vorschlags des Patentschutzvereines war.

Mit der Patentschutzgesetzgebung hatte Werner von Siemens damit erstmals erfolgreich als außerparlamentarischer Interessenvertreter auf die Politik Einfluß genommen. Er stellte sich mit persönlichem Engagement dieser Sache auch weiterhin zur Verfügung und wurde nach der Einführung des Reichspatentgesetzes Mitglied des Patentamtes. In diesem Amt erhielt er zu seiner Erheiterung den Titel „Geheimer Regierungsrat“. Auf die wissenschaftlichen Auszeichnungen und Ehrungen, die ihm im Laufe seines Lebens zuteil wurden, hat er dagegen in seinen Lebenserinnerungen stolz zurückgeblickt. Dazu gehörten die Möglichkeit, vor der französischen Akademie der Wissenschaften vorzutragen (1850), die Verleihung der Ehrendoktorwürde der Philosophischen Fakultät der Universität Berlin (1860) und die Aufnahme in die Königliche Akademie der Wissenschaften zu Berlin (1874).

Seiner wissenschaftlichen Ausrichtung entsprechend war es Werner von Siemens ein besonderes Anliegen, durch politische Einflußnahme die wissenschaftliche Ausbildung des Ingenieurnachwuchses zu fördern. Er hatte sich 1879 an der Gründung des „Elektrotechnischen Vereins“ unter Federführung von Heinrich von Stephan beteiligt. Ziel dieses Vereins war – neben der Festlegung eines elektrischen Maßsystems – die Förderung der Einrichtung von Professuren für Elektrotechnik an den Technischen Hochschulen. Darüberhinaus hielt Werner von Siemens aber auch die Einrichtung eines Instituts, das allein der Forschung und nicht

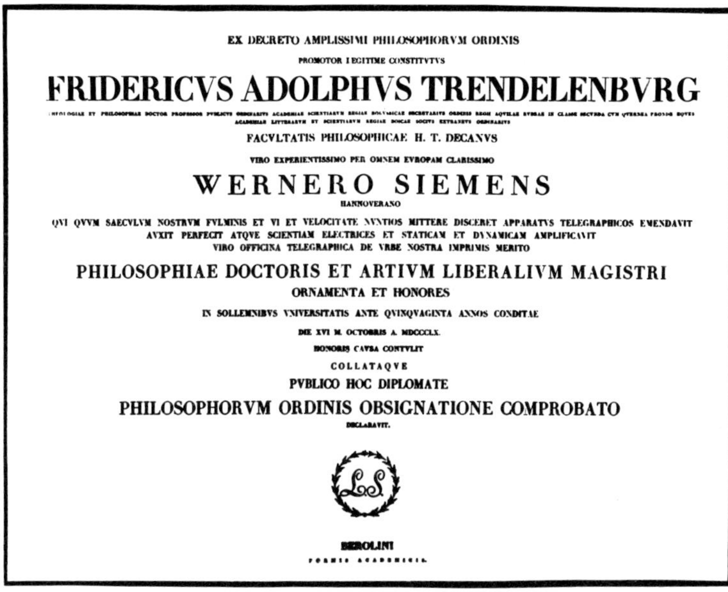

EX DECRETO AMPLISSIMI PHILOSOPHORVM ORDINIS
PROMOTOR LEGITIME CONSTITVTVS
FRIDERICVS ADOLPHVS TRENDELENBVRG
FACVLTATIS PHILOSOPHICAE H. T. DECANVS
VIRO EXPERIENTISSIMO PER OMNEM EVROPAM CLARISSIMO
WERNERO SIEMENS
HANNOVERANO
QVI QVVM SAECVLVM NOSTRVM FVLMINIS ET VI ET VELOCITATE NVNTIOS MITTERE DISCERET APPARATVS TELEGRAPHICOS EMENDAVIT AVXIT PERFECIT ATQVE SCIENTIAM ELECTRICES ET STATICAM ET DYNAMICAM AMPLIFICAVIT
VIRO OFFICINA TELEGRAPHICA DE VRBE NOSTRA IMPRIMIS MERITO
PHILOSOPHIAE DOCTORIS ET ARTIVM LIBERALIVM MAGISTRI
ORNAMENTA ET HONORES
IN SOLLEMNIBVS VNIVERSITATIS ANTE QVINQVAGINTA ANNOS CONDITAE
DIE XVI M. OCTOBRIS A. MDCCCLX.
HONORIS CAVSA CONTVLIT
COLLATAQVE
PVBLICO HOC DIPLOMATE
PHILOSOPHORVM ORDINIS OBSIGNATIONE COMPROBATO
DECLARAVIT.
L.S.
BEROLINI
FORMIS ACADEMICIS.

Bild 42 Ehrendoktor-Diplom für Werner von Siemens, 1860

der Lehre diente, für sinnvoll. Er war bereit, hier nicht nur als Wissenschaftspolitiker, sondern auch als Mäzen tätig zu werden. In seinem Testament hatte er eine Stiftungssumme zur Förderung der naturwissenschaftlichen Forschung vorgesehen, entschloß sich aber, der Reichsregierung schon vor seinem Tod ein Grundstück für ein solches Reichsinstitut anzubieten. Das Reich sollte dann die Baukosten und den Unterhalt des Instituts tragen. 1885 kam es zu einer entsprechenden Vereinbarung mit der Regierung und zur Gründung der Physikalisch-Technischen Reichsanstalt auf einem Siemens-Grundstück in Charlottenburg.

Werner von Siemens zeigte sich als politisch handelnder Mensch ganz und gar als ein Kind seiner Zeit. Er ließ sich von der 1848er Revolution zunächst begeistern, wahrte jedoch Abstand zu der „blutroten Partei" und distanzierte sich bald wieder. In der liberalen Aufbruchsstimmung der Neuen Ära und während des preußischen Verfassungskonflikts engagierte er sich und fand hier seine politisch aktive Phase. Nach Bismarcks militärischen und außenpolitischen Erfolgen und nach der Reichsgründung wandelte er sich zu einem Anhänger der Regierung und äußerte sich nur noch im privaten Bereich gelegentlich kritisch. Den politischen Einfluß, den er als erfolgreicher Industrieller nehmen konnte, stellte er ganz in den Dienst der Lösung einzelner Sachfragen, an denen er ein persönliches Interesse hatte. Die von ihm in seinen Lebenserinnerungen gemachten Ausführungen über die zukünftige Rolle Europas haben auch ein Jahrhundert nach seinem Tod nichts an Aktualität eingebüßt:

„... wenn Europa seine dominierende Stellung in der Welt behaupten oder doch wenigstens Amerika ebenbürtig bleiben will, so wird es sich beizeiten auf diesen Kampf vorbereiten müssen. Es kann dies nur durch möglichste Wegräumung aller innereuropäischen Zollschranken geschehen, die das Absatzgebiet einschränken, die Fabrikation verteuern und die Konkurrenzfähigkeit auf dem Weltmarkt verringern."[172]

[172] Vgl. Werner von Siemens, Lebenserinnerungen, S. 209.

Die weitere Entwicklung des Hauses Siemens bis zum Ersten Weltkrieg

Umwandlung in eine Aktiengesellschaft

Als sich die Unternehmenspolitik von S & H im letzten Jahrzehnt vor der Jahrhundertwende langsam zu wandeln begann, war dies nicht zuletzt eine Reaktion auf die veränderten Rahmenbedingungen der Industrie. Werner von Siemens, der 1888 in den Adelsstand erhoben worden war, hatte bei seiner überragenden technischen Begabung die wirtschaftlichen Veränderungen der Zeit nicht voll erkannt und sich bis zu seinem Tod gegen jede Veränderung der Gesellschaftsform gewehrt. Ausdruck der Neuausrichtung des Unternehmens war die 1890 eingeleitete, 1897 unter maßgeblicher Mitwirkung der Deutschen Bank[173] mit der Umwandlung in eine Aktiengesellschaft abgeschlossene Veränderung der Rechtsform. Bereits 1881 war die Londoner Firma auf Vorschlag von Wilhelm Siemens in eine Aktiengesellschaft umgewandelt und auch bei der 1886 erfolgten Gründung der ‚Petersburger Gesellschaft für elektrische Beleuchtung' die Form der Aktiengesellschaft gewählt worden.[174] Mit dem 1. Januar 1890 wurde die bisherige Offene Handelsgesellschaft Siemens & Halske in eine Kommanditgesellschaft umgewandelt, deren Gesellschaftsvermögen auf 14 Mio. Mark beziffert wurde. Persönlich haftende Gesellschafter, also Geschäftsinhaber, waren Carl Siemens und Werners Söhne Arnold und Wilhelm, während Werner als Kommanditist mit einer Einlage von 6,2 Mio. Mark beteiligt blieb. In seinem Testament hatte Werner von Siemens bestimmt, daß sein Kommanditanteil zu gleichen Teilen an seine sechs Kinder übergehen sollte. Insgesamt zählte die Kommanditgesellschaft außer den drei persönlich haftenden Gesellschaftern fünf Kommanditisten mit einer Gesamt-

[173] Neben der Deutschen Bank war die Mitteldeutsche Credit-Bank in den Jahren 1890–1929, als die Fusion mit der Commerz- und Privatbank AG erfolgte, für S & H tätig. Sie beteiligte sich auch bei der Gründung von Elektrounternehmen in Deutschland, der Schweiz, in Rußland und Brasilien. Andere Banken erlangten im wesentlichen erst in den 1920er Jahren größere Bedeutung für Siemens.
Vgl. SAA 11/Lh 504; BA Abteilungen Potsdam Ba 2 Bd. 18850.

[174] Vgl. v. Weiher/Goetzeler, Weg, S. 44.

einlage von 12 Mio. Mark. Das in der Firma arbeitende Kapital der drei persönlich haftenden Gesellschafter wird man mindestens ebenso hoch wie das Kommanditkapital ansetzen dürfen, so daß die Firma damit über ein Kapital von mindestens 24 Mio. verfügte. Der Kapitalbedarf in der elektrotechnischen Industrie ging aber gerade in diesen Jahren, in denen die Gründungs- und Unternehmergeschäfte nach dem Vorbild der AEG zunahmen, rasch in die Höhe. Siemens & Halske sah sich noch im Oktober desselben Jahres veranlaßt, eine hypothekarisch gesicherte Anleihe von 10 Mio. Mark zu 4,5 % aufzunehmen, das erste fremde Geld seit Gründung der Firma.[175]

Den entscheidenden Anstoß zur Umwandlung der Firma in eine Aktiengesellschaft gaben die Pläne Emil Rathenaus, die AEG und die Union zu verschmelzen, wodurch S & H die Unterstützung aller Berliner Großbanken verloren hätte.[176] Formell erfolgte die Gründung der Siemens & Halske AG am 3. Juni 1897 mit Wirkung vom 1. August 1896 an in der Weise, daß Aktiva und Passiva der Kommanditgesellschaft Siemens & Halske auf die neue Aktiengesellschaft gegen 28 Mio. Mark Aktien übertragen wurden. Weitere Aktien im Nennwert von 7 Mio. Mark wurden von Mitgliedern der Familie Siemens übernommen, die damit das gesamte Aktienkapital hielt. Zur Sicherung des Familieneinflusses wurde das Gesellschaftsstatut gegen den Widerstand der Deutschen Bank und ihres Direktors Georg Siemens so formuliert, daß ein größerer Fremdeinfluß verhindert werden konnte.[177] Das Statut der Gesellschaft räumte in seinem Paragraph 22 dem Aufsichtsrat ziemlich weitgehende Vollmachten ein und bevollmächtigte ihn im Paragraph 25:

> „Der Vorsitzende des Aufsichtsrats hat zu jeder Zeit die Befugnis, die gesamte Geschäftsführung des Vorstandes zu überwachen und demgemäß alle Bücher und Schriften der Gesellschaft einzusehen. Der Aufsichtsrat ist auch berechtigt, die Ausführung vorbezeichneter Befugnisse sowie anderer besonderer Aufträge Mitgliedern des Aufsichtsrats und sonstigen außerhalb der Verwaltung stehenden Bevollmächtigten zu übertragen und die Entschädigungen dafür festzusetzen."[178]

Diese Bestimmung fand ihren Niederschlag in einem Entwurf, der eine „Delegation des Aufsichtsrates" mit weitgehenden Vollmachten ausrüstete.[179] Die Satzung der neuen Gesellschaft wurde trotz der aus Bankkreisen geäußerten Bedenken so gestaltet, daß ein dem bisherigen Einfluß der persönlich haftenden Gesellschafter entsprechender Einfluß auf die Firma auch in deren neuer Rechtsform erhalten blieb. Gemäß Paragraph 20 der Statuten war der Vorstand der Gesellschaft an die Weisungen des Aufsichtsrates gebunden. Nach Paragraph 27 konnte der Aufsichtsrat die Ausübung seiner Befugnisse auf einzelne Mitglieder übertragen, faktisch auf den Aufsichtsratsvorsitzenden, der als „Chef des Hauses" fungierte und die einheitliche Führung des Hauses Siemens garantierte. Diese Bestimmungen sind bis zur Neufassung der Satzung aufgrund der Vorschriften des Aktiengesetzes von 1937 der Sache

---

[175] Vgl. Archiv Deutsche Bank Bestand Siemens S 1347.

[176] Georg Siemens trat daher aus dem Aufsichtsrat der AEG aus. Vgl. Archiv Deutsche Bank Bestand Siemens S 1348.

[177] Vgl. auch die Stellungnahme von Georg Siemens, Deutsche Bank, zu der Geschäftsordnung der S&H AG: „Ich habe noch niemals eine solche Bremse gesehen wie diese Instruktion. Die Theorie des Gesetzes ist die, der Aufsichtsrat soll überwachen bzw. alles wissen, die Theorie des Geschäftsordnungsentwurfs von S&H ist, der Aufsichtsrat soll alles genehmigen, ohne ihn darf nichts geschehen, damit wird jede Jurisdiktion der Direktion vernichtet. Als Deutsche Bank würde ich abraten, sich mit einem so geführten Institut auf lange Abmachungen einzulassen." Für diese Haltung war folgende Festlegung in den Statuten entscheidend: „Um eine einheitliche Behandlung der Geschäfte in den einzelnen Abteilungen und eine zweckentsprechende Zusammenarbeit der im einzelnen Fall in Betracht kommenden Abteilungen herbeizuführen, ernennt der Aufsichtsrat einen Delegierten. Diesem wird das Recht übertragen, im einzelnen Fall eine andere Verteilung der Geschäfte anzuordnen und insbesondere neben dem geschäftsordnungsmäßigen Referenten besondere Korreferenten für besondere Angelegenheiten zu bestellen. Der Delegierte erhält weiterhin die Befugnis, in Ausübung des dem Aufsichtsrat und dessen Vorsitzenden zustehenden Rechts, die gesamte Geschäftsführung des Vorstandes zu überwachen und Anweisungen an den Vorstand zu erlassen. Über die Entscheidung grundsätzlicher Fragen haben die Abteilungsvorstände sich rechtzeitig mit dem Delegierten in Verbindung zu setzen. Insbesondere gilt dies für Angelegenheiten, welche mehrere Geschäftsabteilungen berühren." Vgl. SAA 33/Ld 603.
Der erste Aufsichtsrat von S&H bestand nur aus Mitgliedern der Familie Siemens. Im Frühjahr wurde dann A. v. Gwinner von der Deutschen Bank zugewählt, Carl Klönne am 19. April 1900. Nachdem Roland Lücke im Januar 1901 in den Aufsichtsrat gekommen war, schied von Gwinner am 4. Januar 1902 aus, weil nicht drei Direktoren der Deutschen Bank im Aufsichtsrat einer Gesellschaft sein sollten. Vgl. BA Potsdam Bestand 80 Ba 2 Deutsche Bank Nr. 18850.

[178] Vgl. SAA 33/Ld 603.

[179] Vgl. G. Siemens, Weg I, S. 188.

[180] (s. Seite 158) Vgl. G. Siemens, Weg I, S. 132ff. Vgl. auch SAA 33/Ld 603 mit der Stellungnahme von Wilhelm von Siemens: „Die Zustände bei unserer Gesellschaft weisen in der Tat eine Anomalität auf durch die historische und finanzielle Stellung der Familie Siemens in der Gesellschaft. Wir haben 1897 eine AG gebildet, aber unsere sämtlichen Aktien behalten und neue dazugenommen. Wir hatten nicht die Absicht gehabt, unsere leitende Stellung in der Firma aufzugeben, haben vielmehr die Weiterführung derselben nach wie vor als unsere eigentliche Lebensarbeit angesehen. Es schwebte uns vor, unser Erbe und die mit demselben verbundene Verantwortlichkeit aufrecht zu erhalten, wenn angänglich über unsere Generation hinaus. Wir hätten die Firma SSW nicht in dieser Weise gegründet, wenn damit die Unmöglichkeit verbunden wäre, unsere oberleitende Tätigkeit aufrecht zu erhalten."

nach unverändert geblieben. Diese Regelung entsprach eindeutig den Interessen der Familie, doch erschwerte die angestrebte Sicherung des Familieneinflusses eine raschere Aufstockung des in der Firma arbeitenden Aktienkapitals.[180]

Die Gründung der Siemens-Schuckertwerke GmbH

Siemens und die AEG gingen aus dem 1901/02 sich verstärkenden Konzentrationsprozeß als beherrschende Konzerne der deutschen Elektroindustrie hervor.[181] Unternehmen, die finanziell angeschlagen waren, wurden entweder von der AEG oder von Siemens angegliedert bzw. gemeinsam zum Zweck der Marktbereinigung liquidiert. Als die Union-Elektrizitätsgesellschaft und die Elektrizitäts-AG vorm. S. Schuckert & Co. im Jahre 1902 in Schwierigkeiten gerieten[182], brachte Siemens & Halske die eigenen starkstromtechnischen Aktivitäten in die neu gegründete Siemens-Schuckertwerke GmbH ein, nachdem die Elektrizitäts-AG zunächst Verhandlungen mit der AEG geführt hatte.[183]

Siemens hat diesen langfristig entscheidenden Schritt in der Unternehmensentwicklung eher widerwillig gemacht, und letztlich nur, um ein weiteres Erstarken der AEG zu verhindern.[184] Die 1903 gegründete Siemens-Schuckertwerke (SSW) GmbH, eine Zusammenfassung der starkstromtechnischen Aktivitäten des Hauses Siemens und der ehemals von Sigmund Schuckert gegründeten Nürnberger Elektrizitäts-AG vorm. S. Schuckert & Co.[185], die vor allem in Bayern eine starke Marktstellung[186] hatte, machte deutlich, daß Siemens zwar auf gewissen Gebieten zur Zusammenarbeit und zur Kooperation mit der AEG bereit war, aber nicht länger gewillt war, dem wichtigsten Konkurrenten das Feld kampflos zu überlassen.[187] Durch die Zusammenlegung der eige-

---

[181] Nach dem Geschäftsbericht der AEG für 1902/03 entfielen bereits im Jahre 1902 drei Viertel der elektrotechnischen Produktion Deutschlands auf Siemens, die AEG und die F&G-Gruppe.

[182] Carl Friedrich von Siemens hat vor dem Enquete-Ausschuß die Schwierigkeiten von Schuckert vor allem auf die Betätigung auf elektrochemischem Gebiet zurückgeführt, doch dürfte das erhebliche Engagement im Unternehmergeschäft noch wichtiger gewesen sein.
Vgl. Verhandlungen und Berichte des Unterausschusses für allgemeine Wirtschaftsstruktur (Enquete-Ausschuß), I. Unterausschuß 3. Arbeitsgruppe 1. Teil: Wandlungen in den Rechtsformen der Einzelunternehmungen und Konzerne, Berlin 1928, S. 409 f.

[183] Vgl. SAA 69/Lr 515; 11/Le 862. 50 Jahre AEG, S. 149 f. Siehe auch Unterlagen Felix Deutsch im Leo Baeck-Institut New York.

[184] In den Jahren 1901/02 hatten längere Verhandlungen zwischen der AEG und der Elektrizitäts-AG vorm. Schuckert & Co. stattgefunden, die zunächst mit dem Ziel einer Interessengemeinschaft und einer eventuell später erfolgenden Fusion geführt wurden. Dabei strebten die im Schuckert-Konsortium vertretenen Banken einen solchen Schritt angesichts der sich ungünstig entwickelnden finanziellen Lage der Gesellschaft an. 1902 wurden die Verhandlungen als gescheitert abgebrochen. Am 14. Januar 1903 nahm dann Roland Lücke, Vorstandsmitglied der Deutschen Bank und Aufsichtsratsmitglied von S & H, vertrauliche Vorgespräche mit Geheimrat A. von Rieppel auf, der im Aufsichtsrat der Elektrizitäts-AG saß und auch die Verhandlungen mit der AEG geführt hatte. Bei einem weiteren Gespräch am 14. Januar 1903 erklärte Wilhelm von Siemens, daß die Firma an sich nicht das Bedürfnis für eine solche Fusion habe, daß das Vorgehen der AEG einen Zusammenschluß jedoch zweckmäßig erscheinen lasse. Nach einem Bericht von Rieppels wäre die Fusion mit der AEG zustandegekommen, wenn nicht die Finanzgeschäfte der Elektrizitäts-AG und der große Besitz an Aktien der Finanzierungsgesellschaft Continentale Gesellschaft für elektrische Unternehmungen die AEG hätten Abstand nehmen lassen. Vgl. SAA 28/Li 987.

[185] Die Bilanzsumme der Elektrizitäts-AG vorm. Schuckert & Co. war in den Jahren 1893/94–1900/01 von 20,3 auf 136,5 Mio. M gestiegen, doch hatte die Firma ihre Expansion finanziell nicht entsprechend absichern können. Die interne Finanzierung war vergleichsweise unbedeutend und in der Krise konnte die Firma nur auf letztlich unzureichende Unterstützung kleinerer süddeutscher Banken zurückgreifen. Ein Teil der Schwierigkeiten dürfte auch darauf zurückzuführen sein, daß der Generaldirektor der EAG, Alexander Wacker, kein festes Gehalt bezog, sondern 15 % des Reingewinns erhielt, der nach Dotierung der gesetzlichen Rücklage und nach Verzinsung des Aktienkapitals mit 4 % verblieb. Wacker mußte also an der Ausschüttung hoher Gewinne interessiert sein. In den Jahren 1893 bis 1902 hatte die EAG 19,479 Mio. M Dividenden und 5,313 Mio. M Dividenden aus Mitteln verteilt, die vom Kapitalmarkt zur Verfügung gestellt wurden. Um weiter Zugang zum Kapitalmarkt zu haben, steigerte man laufend die Dividenden, um der Öffentlichkeit die Bonität des Unternehmens zu dokumentieren.

Der an sich natürliche Weg einer Vollfusion wurde aus finanziellen Überlegungen heraus nicht beschritten, und man beschränkte sich auf eine Teillösung, die aber zu einer Majoritätsbeherrschung durch Siemens & Halske führte. Die Elektrizitäts-AG wurde zu einer reinen Holdinggesellschaft. Vgl. SAA 4/Lf 682; 722; Riesser, Die Großbanken, S. 544 ff.; Feldenkirchen, Finanzierung, S. 101 ff.

Die Glühlampenfertigung verblieb trotz dieser Trennung der Arbeitsgebiete ebenso bei S & H wie die sich später zu einer eigenen Gesellschaft entwickelnde Abteilung zum Bau der Berliner Hoch- und Untergrundbahn.

[186] Näheren Aufschluß über die Gründung der SSW gibt wohl eine Randbemerkung, die der Direktor der Deutschen Bank, Carl Klönne, auf einen Brief des Direktors der Schuckertwerke, Dr. O. v. Petri, vom 24. April 1912 gemacht hat: „Wenn Petri die Hauptertragsquelle der SSW schon bald nach der Gründung in Nürnberg erblickt, so ist das eine merkwürdige Auffassung. In jedem Fall entstand die Besserung des Nürnberger Resultates durch das Einsetzen der energischen Berliner Leitung, die zweckmässige Überweisung gewisser Fabrikate zur Herstellung in Nürnberg, Übernahme anderer Artikel nach Berlin, kurzum durch die ganze neueingeführte Organisation. – Es muss doch nicht vergessen werden, dass Schuckert fast pleite war als Rieppel hülfesuchend zu Lücke kam. –“ Vgl. BA Potsdam Bestand 80 Ba 2 Nr. 18850.

[187] Vgl. Czada, Elektroindustrie, S. 50.

nen Starkstromabteilung mit der der Elektricitäts-AG vorm. S. Schuckert & Co. in der Siemens-Schuckertwerke GmbH sicherte sich das Haus Siemens[188], das mit Siemens & Halske auf dem Schwachstromsektor seit Gründung der Firma die führende Stellung innehatte, auch im Kerngebiet der AEG eine starke, dem Unternehmen Emil Rathenaus fast ebenbürtige Stellung, wenn auch in den ersten Jahren erhebliche Aufwendungen erforderlich wurden.

Innerhalb des Siemenskonzerns fungierten die Siemens & Halske AG und die Siemens-Schuckertwerke GmbH als Stammgesellschaften. Am Kapital der Siemens-Schuckertwerke GmbH in Höhe von 90 Mio. Mark waren S & H und Schuckert in fast gleicher Höhe beteiligt. Der Gesellschaftskapitalanteil von S & H war jedoch um 100.000 Mark höher, so daß die Frage der unternehmerischen Führung eindeutig geklärt war, falls man nicht zu einer einheitlichen Unternehmensführung fand. Siemens & Halske und die Siemens-Schuckertwerke GmbH standen damit de facto unter einer gemeinsamen Leitung, wenn sie auch rechtlich selbständig blieben.[189] Durch die Gründung der Siemens-Schuckertwerke und die damit verbundene Ausgliederung der Starkstromaktivitäten

---

[188] In einem Schreiben von Carl Friedrich von Siemens an den Rechtsanwalt Köchlin-Hoffmann in Basel vom 28. Februar 1914 heißt es: „Den Ausdruck Siemens-Schuckert-Konzern bitte ich zu vermeiden. Das Wort Konzern hat überhaupt etwas Unklares und nicht Angenehmes. Unsere Gesellschaft und die Gesellschaft Schuckert bilden aber jeweils zusammen keinen Konzern im Sinne des Sprachgebrauchs. Wir sind zwei voneinander ganz unabhängige Gesellschaften. Sie sind weder durch ein gemeinschaftliches Kapital noch durch irgendeine Gemeinschaft in den Verwaltungsorganen miteinander verbunden. Auch das Arbeitsgebiet beider Gesellschaften ist im allgemeinen ein ganz verschiedenes. Unsere Gesellschaft ist eine rein industrielle, während die Schuckert-Gesellschaft eigentlich heute zum größeren Teil eine Unternehmungsgesellschaft ist. Das gemeinsame Interesse besteht bei den verschiedenen Siemens-Schuckert-Werken in Deutschland in der Form, daß sie die beiden Gesellschafter einer GmbH sind. Für uns hat jedoch dieser Gesellschaftsanteil nicht den Charakter einer Beteiligung, wie etwa eine Bank solche Beteiligungen in ihren Büchern bezeichnet, sondern er ist ein Teil, und zwar ein wesentlicher Teil, unseres industriellen Gesamtunternehmens. Wir haben uns, um diesen Charakter aufrechtzuerhalten, damals bei der Begründung der SSW deshalb ausdrücklich vorbehalten, den Sitz in Berlin, die Majorität im Gesellschaftsanteil und auch im Aufsichtsrat dadurch, daß S & H den Vorsitzenden statuarisch zu ernennen haben, und diese Stimme gleichzeitig die Majorität liefert... Wir legen hier großen Wert darauf, daß die Sache nicht so dargestellt wird, als hätten S & H damals ihr Haus in verschiedene Gesellschaften aufgelöst und bestände das Band lediglich noch in verschiedenen Beteiligungen. Es ist im Gegenteil der Charakter der einheitlichen Verwaltung des einheitlichen Hauses noch in größerem Maße gepflegt worden als es vor dieser Zeit der Fall war. Wir haben diesen Weg lediglich deshalb gewählt, weil wir nicht neue S & H-Aktionäre in zu großem Verhältnis schaffen wollten." Vgl. SAA 54/Ll 618.

[189] SAA 69/Lr 515.

wurde die Siemens & Halske AG zu einer Mischung aus Fabrikations- und Beteiligungsgesellschaft, die sich aber eher als ‚technische Holdinggesellschaft' verstand.[190]

Gemessen an den Kriterien Umsatz und Bilanzsumme waren Siemens und die AEG in den letzten Jahren vor dem Ersten Weltkrieg als etwa gleichrangig anzusehen. Beide Konzerne wiesen jedoch typische Merkmale auf, die auf eine unterschiedliche Unternehmenspolitik hindeuten. Während die AEG ihren eindeutigen Schwerpunkt im Bereich der Starkstromtechnik sowie im Unternehmergeschäft hatte, war Siemens mit seinen verschiedenen Unternehmensteilen sowohl im Starkstrom- als auch im Schwachstrombereich gut oder sogar dominierend vertreten, war aber andererseits auch bestrebt, sich auf den Elektrobereich zu konzentrieren und lehnte vor dem Ersten Weltkrieg eine Expansion in nichtelektrotechnische Bereiche ab, wenn man einmal von der Aufnahme der Automobilproduktion 1906 absieht.

Der von Werner von Siemens mit der Gründung aufgestellte Grundsatz, sämtliche Gebiete der Elektrotechnik zu bearbeiten, wurde auch von seinen Nachfolgern in der Leitung des Hauses gewahrt. S & H befaßte sich mit dem gesamten Nachrichtenwesen mit und ohne Draht, mit der Meßtechnik und produzierte Kabel und Leitungen für die Nachrichtentechnik. Aus dem breiten Tätigkeitsfeld des Hauses entwickelten sich immer wieder neue Arbeitsgebiete, da man die Ergebnisse und Erfahrungen des einen Gebietes für die Fortschritte eines anderen verwerten konnte. Neuere Errungenschaften wie Schnelltelegraphie, Mehrfachtelegraphie, Fernschreiben, Selbstanschlußvermittlung im Fernsprechverkehr, Kabeltelefonie, elektrischer Zeitdienst, Radiotechnik und Tonfilm sind daher alle in der einen oder anderen Weise mit dem Namen Siemens & Halske verbunden. Die Siemens-Schuckertwerke stellten Generatoren, Elektromotoren und Transformatoren her, fertigten Schaltgeräte und Schaltanlagen und er-

[190] Die bei der Gründung der SSW gewählte Rechtsform der GmbH hatte keine steuerlichen Gründe, obwohl die Einkommensteuerpflicht für Gesellschaften mit beschränkter Haftung erst 1906 in Preußen eingeführt worden ist. Da S & H und die EAG sich jedoch verpflichtet hatten, ihr gesamtes Starkstromgeschäft aus ihrem Gesellschaftsvermögen herauszulösen, wäre die Beschaffung von Aktien und ihre Begebung am Kapitalmarkt zum Zweck der Finanzierung der neuen Gesellschaft einer Erhöhung und damit einer Verwässerung des Aktienkapitals gleichgekommen. Bei einer Nichtbegebung war die Rechtsform der AG jedoch zunächst sinnlos. Vgl. Findeisen, Unternehmensform, S. 128; Brandstetter, Finanzierungsmethoden, S. 63.

richteten vollständige Kraftwerke. Zu ihrem Produktionsprogramm gehörten elektrisches Installationsgerät, Glühlampen, Beleuchtungsanlagen für Städte, Haushalte und gewerbliche Betriebe, Antriebe für Landwirtschaft, Bergbau, Industrie, Haushaltsgeräte und elektrische Wärmegeräte, Kabel und Leitungen für Starkstrom.[191]

Siemens behielt auch nach der gesellschaftsrechtlichen Umwandlung in eine Aktiengesellschaft die für Familienunternehmen typische Form der Selbstfinanzierung bei, während die AEG häufig den Kapitalmarkt in Anspruch nahm. Das im Jahre 1900 erhöhte Aktienkapital der Siemens & Halske AG wurde erst 1909 wieder aufgestockt. Die bis 1900 aufgenommenen Anleihen reichten bis 1912. Beide Mittelzuführungen 1909 bzw. 1912 waren in erster Linie durch den Finanzbedarf der SSW GmbH bedingt, deren Stammkapital von 90 Mio. M unverändert blieb und die aufgrund ihrer Gesellschaftsform den Kapitalmarkt nicht so leicht in Anspruch nehmen konnte, so daß auch bei SSW der größte Teil der Investitionen durch Selbstfinanzierung aufgebracht wurde. Ab 1906/07 wurden die ohnehin beträchtlichen stillen Reserven noch dadurch erheblich vermehrt, daß man Maschinen und Geräte noch im Jahr der Anschaffung voll abschrieb. Die auf den Gründer zurückgehende und bis heute bestehende vorsichtige Art der Unternehmensfinanzierung, die die langfristige Sicherung der Liquidität einer betriebswirtschaftlich optimalen Rentabilität vorgezogen hat, ist typisch für die Unternehmensfinanzierung der Siemens-Führung. Wilhelm von Siemens kommentierte den S & H-Abschluß 1909/10 am 27. Dezember 1910 mit den Worten:

„Etwa 6 –7 Mill. wieder in die stille Reserve bei 12 % Dividende ... SSW etwa 5–6 Mill. in die stille Reserve.“[192]

Nicht zuletzt diese Finanzpolitik hat dann unter den gesamtwirtschaftlich schwierigen Bedingungen der Zwischenkriegszeit entscheidend dazu beigetragen, daß das Haus Siemens einen bis heute bestehenden Vorsprung gegenüber der in nichtelektrotechnische Bereiche diversifizierenden, risikoreichere Arten der Finanzierung bevorzugenden deutschen Konkurrenz erzielen konnte.[193]

---

[191] Vgl. SAA 37/Lp 872.

[192] Zur Bilanzpolitik vgl. auch SAA 20/La 246.

[193] Zur Unternehmensfinanzierung vgl. Feldenkirchen, Finanzierung; ders., Finanzierung Zwischenkriegszeit. Zur Entwicklung von Belegschaft und Umsatz bei S & H und SSW 1903/04–1913/14 vgl. Tab. im Anhang.

Beim Ausbruch des Ersten Weltkriegs waren wesentliche Bausteine der Starkstrom- und der Nachrichtentechnik bekannt und fanden teilweise bereits in breiter Form Anwendung. Elektrischer Strom erwies sich zunehmend als die vergleichsweise billigste und rationellste Antriebskraft, die sich ständig neue Arbeitsgebiete erschloß. Von den verschiedenen Energieformen hatte sich die elektrische Energie wegen der leichten Transportierbarkeit großer Energiemengen über weite Entfernungen und der vollständigen Umsetzbarkeit in andere Energieformen bereits eine führende Stellung erobert. In der Starkstromtechnik waren alle Maschinenarten bekannt und entsprechend ihren spezifischen Eigenschaften im Einsatz. Der Bedarf an elektrischer Energie war seit der Einführung des Glühlichts und der allgemeinen Steigerung der Nachfrage nach Elektromotoren stark angestiegen. Nach der Jahrhundertwende erfolgte eine besonders intensive Entwicklung durch den Übergang zu elektrischen Einzelantrieben in der Industrie, vor allem im Bergbau und in der Schwerindustrie. Die installierten Leistungen wurden ständig erhöht, wobei man nach der Jahrhundertwende schon dazu überging, die einzelnen Stationen zu einem Verbundsystem zusammenzufassen. Die Leistungen der elektrischen Maschinen stiegen von weniger als 100 PS am Anfang der 1880er Jahre innerhalb eines Jahrzehnts auf 1000 PS und auf mehr als 5000 kW nach der Jahrhundertwende. Auf diese Weise war die Elektroindustrie bereits vor dem Ersten Weltkrieg längst über ihre Anfangsbetätigung in der kraftbenutzenden Mechanik, der Beleuchtung und der Nachrichtenübertragung hinausgewachsen und hatte sich unter Ausnutzung der regelnden und steuernden Fähigkeit des elektrischen Stromes für eine ständig größer werdende Zahl von Fertigungsvorgängen und maschinellen Abläufen zu einer unentbehrlichen Ausrüstungsindustrie für andere Industriezweige entwickelt. Das Haus Siemens trug zu dieser Aufwärtsentwicklung der Elektrotechnik und der deutschen Elektroindustrie in erheblichem Maße bei.

Anhang

Tabellen

Tabelle 1 Belegschaft und Umsatz Siemens 1848–1870[194]

Jahr	Belegschaft insg.	Haus Siemens Belegschaft	Umsatz (1000 M)	Exportumsatz (1000 M)	Gewinn (M)
1848	18	18	10,3	5	
1849	28	28	58,1	41	45000
1850	49	49	221,8	272	96000
1851	50	50	253,1	132	?
1852	90	90	514	447	10414
1853	49	49	212,8	693	13500
1854	130	90	594,9	323	17282
1855	268	122	801,1	293	142988
1856	332	119	466	367	60600
1857	367	127	470,3	408	61700
1858	408	166	563,7	375	108700
1859	419	174	509,2	280	73400
1860	401	180	462,9	175	73100
1861	438	181	381,5	256	27100
1862	492	175	351,2	192	21000
1863	515	198	456,8	383	26700
1864	660	193	589,7	269	83300
1865	652	135	670,1	277	133300
1866	733	166	621,5	210	189200
1867	672	192	685,1	467	142000
1868	691	211	900,4	507	243900
1869	836	271	1052		397900
1870	1080	380	1543		475170

[194] Die Angaben über die Umsatz- und Belegschaftsentwicklung differieren zum Teil in den Unterlagen des Siemens-Archivs. Die genannten, heute als offiziell verbindlich anzusehenden Zahlen basieren auf dem Z-Bericht vom 26. Mai 1966.

Tabelle 2
Belegschaftsentwicklung Siemens & Halske und zugehörige Gesellschaften 1847–1892[195]

Jahr	S&H	S&H Wien	Gesco	S. Brothers	Rußland	Insges.
1847						
1848	18					18
1849	28					28
1850	49					49
1851	50					50
1852	90					90
1853	49					49
1854	90				40	130
1855	122				146	213
1856	119				213	332
1857	127				240	367
1858	146	20		2	240	408
1859	154	20		10	235	419
1860	150	30		23	198	401
1861	141	40		40	217	438
1862	135	40		50	267	492
1863	168	30		50	267	515
1864	163	30		200	267	660
1865	135			250	267	652
1866	166			300	267	733
1867	192			350	130	672
1868	211			400	80	691
1869	271			450	115	836
1870	380			550	150	1080
1871	446			850	90	1386
1872	581			900	110	1591
1873	558		70	934	110	1672
1874	540		110	1601	100	2351
1875	499		72	458	90	1119
1876	469		161	239	90	959
1877	698		40	461	130	1329
1878	729		94	348	140	1311
1879	635	2	117	1254	120	2128
1880	631	6	239	495	120	1491
1881	675	10	220	1418	130	2453
1882	725	27	333	765	140	1990
1883	899	68	333	856	170	2326
1884	1026	109	302	1735	200	3372
1885	1142	120	306	963	220	2751
1886	1258	105	259	738	240	2600
1887	1361	320	397	687	260	3025
1888	1722	373	354	699	330	3478
1889	2125	688	271	1019	410	4513
1890	2737	1041	172	1065	530	5545
1891	3057	1127	178	990	590	5942
1892	3325	1199	251	1118	640	6533

[195] Quelle: SAA 29/Le 932.

Tabelle 3
Umsatzentwicklung nach Bereichen 1847–1874
(Angaben in Talern)[196]

Jahr	Gesamtumsatz Telegraphie	Gesamtumsatz Wassermesser	Gesamtumsatz Gesamt	davon Ausland Telegraphie	davon Ausland Wassermesser	davon Ausland Summe	Exportquote (%)
1847	74		74				0
1848	3 420		3 420	21		21	0,6
1849	19 379		19 379	1 470		1 470	7,6
1850	73 949		73 949	1 546		1 546	2,1
1851	84 281	70	84 351	13 431	70	13 501	16
1852	170 315	835	171 150	89 849	835	90 684	53
1853	70 760	165	70 926	43 856	135	43 992	62
1854	198 293		198 293	148 977		148 977	75,1
1855	267 030		267 030	230 842		230 842	86,5
1856	155 325		155 325	107 665		107 665	69,3
1857	156 756		156 756	97 687		97 687	62,3
1858	181 891	6 069	187 961	122 108	258	122 366	65,1
1859	162 543	7 182	169 725	135 022	918	135 942	80,1
1860	149 952	4 177	154 130	124 102	859	124 961	81,1
1861	121 304	5 838	127 142	92 805	474	93 279	73,4
1862	107 929	9 132	117 062	56 704	1 752	58 456	49,9
1863	141 941	10 169	152 111	83 196	2 030	85 226	56
1864	186 332	10 171	196 503	62 175	1 799	63 974	32,6
1865	200 211	22 399	222 610	120 117	7 403	127 520	57,3
1866	177 419	17 229	194 649	86 711	2 871	89 583	46
1867	206 044	19 482	225 526	86 174	6 112	92 287	40,9
1868	252 006	26 883	278 889	62 925	6 967	69 892	25,1
1869	311 889	33 217	345 107	144 465	11 125	155 590	45,1
1870	401 663	35 815	437 478	158 541	7 222	165 763	37,9
1871	445 166	83 932	529 098	130 502	11 041	141 543	26,8
1872	585 599	134 188	720 088	126 676	21 310	147 987	20,6
1873	620 416	150 063	770 479	114 853	13 287	128 141	16,6
1874	724 577	148 261	872 839	166 210	24 031	190 241	21,8

[196] Zusammengestellt nach: SAA 29/Ld 893.

Tabelle 4
Die Aufteilung des Umsatzes nach Staaten und Produktgruppen 1847–1896 (Angaben in Mark)[197]

Staat	Tele-graphie	Glühlicht	Wasser-messer	Dynamo	Kabel
Deutschland	45 808 241	4 414 106	8 357 498	46 070 241	46 457 356
Schweden	250 012	212 149	32 050	1 975 403	1 041 185
Norwegen	204 975	12 057	12 108	119 564	47 863
Dänemark	1 339 812	35 237	8 285	1 485 328	1 089 388
Holland	2 396 757	101 852	268 381	1 913 440	1 646 273
Belgien	1 166 987	37 400	1 267	271 659	109 707
Schweiz	441 352	229 497	496 846	2 261 300	674 032
Italien	236 582	252 017	126 235	3 262 542	1 170 118
England	2 527 456	279 835	211 211	870 124	84 136
Frankreich	307 706	150 498	6 401	1 005 516	480 906
Luxemburg	25 311	17 049	36 105	316 065	80 121
Österreich	1 166 225	1 304 049	258 531	3 333 830	1 164 840
Rußland	6 308 753	1 311 865	558 093	2 004 736	241 951
Spanien	15 619	177 495	30 816	1 683 995	2 475 762
Türkei	110 114	189	42	85 599	44 377
Asien	71 596	76 517	2 410	804 663	149 551
Australien		59 413	65 820	23 376	24 212
Afrika	13 952	1 662	131 351	3 900 178	812 673
Amerika	372 074	124 035	61 330	3 623 214	427 609
Ausland o. Ortsangabe	2 675	259 962	89 935	68 065	14 305
Summe	62 766 208	9 058 595	10 754 726	75 078 848	58 237 041

[197] Zusammengestellt nach: SAA 29/Ld 893.

Tabelle 5
Umsatzentwicklung und Umsatzverteilung nach Produktgruppen 1867–1880[198]

Jahr	Telegraphie (M)	Umsatzanteil (%)	Wassermesser (M)	Umsatzanteil (%)	Dynamo (M)	Umsatzanteil (%)	Kabel (M)	Umsatzanteil (%)	Sonstiges (M)	Gesamtumsatz (M)
1867	618 132	91	58 448	9						676 580
1868	756 018	90	80 650	10	5 654					842 332
1869	953 670	90	99 653	10	5 554					1 040 877
1870	1 204 990	92	107 481	8	14 482					1 326 998
1871	1 335 500	84	251 797	16	4 543					1 591 840
1872	1 757 699	81	402 566	19	6 896					2 167 161
1873	1 853 471	80	450 189	20	20 509				11 777	2 331 946
1874	2 165 905	83	444 786	17	17 391				7 832	2 635 910
1875	1 816 157	77	527 807	23	26 332				714	2 371 010
1876	1 659 135	79	367 674	18	66 171	3				2 092 980
1877	1 999 501	57	424 104	12	181 190	5	897 817	26		3 502 612
1878	1 885 032	41	584 568	13	484 027	10	1 636 267	13		4 589 894
1879	1 140 198	25	307 022	7	591 628	13	2 544 205	55		4 583 053
1880	1 257 740	20	315 931	5	826 636	13	3 985 727	62		6 386 034

[198] Zusammengestellt nach Waller, Bd. 2, S. 55.

Tabelle 6
Aufteilung des Umsatzes von Siemens & Halske in den Jahren 1847–1872 und 1873–1897 nach Staaten[199]

Staat	Umsatz in Talern 1847–1872	(%)	Umsatz in Mark 1873–1897	(%)
Deutschland	8 846 858	55	163 373 003	69,2
Schweden	84 163	0,5	3 829 270	1,6
Norwegen	51 297	0,3	395 680	0,2
Dänemark	386 642	2,4	4 547 490	1,9
Holland	268 162	1,7	6 947 912	2,9
Belgien	17 647	0,1	1 641 804	0,7
Schweiz	30 757	0,2	5 021 612	2,1
Italien	12 669	0,1	6 137 086	2,6
England	1 586 540	9,9	2 583 869	1,1
Frankreich	88 042	0,5	1 928 738	0,8
Luxemburg	3 988	0,03	588 897	0,2
Österreich	240 173	1,5	7 789 428	3,3
Rußland	4 122 163	25,6	8 395 463	3,6
Spanien	3 241	0,02	6 347 546	2,7
Türkei	5 492	0,03	1 537 527	0,7
Asien	5 492		1 537 527	
Australien			209 938	0,1
Afrika			8 249 742	3,5
Amerika	12 662	0,08	6 739 078	2,9
Ausland[200]			455 892	0,2
Summe	16 092 915	100	235 977 429	100

[199] Zusammengestellt nach Angaben in SAA 29/Ld 897 und SAA 29/Lp 556.

[200] Ausland ohne Ortsangabe.

Tabelle 7
Gesamtumsatz des über Berlin abgerechneten Geschäfts (Angaben in 1000 M)[201]

Geschäfts-jahr	Tele-graphie	Fern-sprecher	Signal-wesen	Elektro-chemie	Wasser-messer	Glüh-lampen	Meß-instrumente	Dynamo	Kabel	Gesamtes Berliner Werk	Charlotten-burger Werk		Gebrüder Siemens	Wien I	Wien II	Bahnen	Gesamt-umsatz
											Dyna-mo	Kabel					
1880	824	88	310		361		61	835	3953	6466			467				6 933
1881	902	252	487		380		45	996	1194	4309			653				4 962
1882	824	297	477		353	4	38	1327	379	3794			992	56			4 841
1883	749	358	384		346	38	58	1846	556	4524			999	59			5 583
1884	796	374	429		342	43	70	2140	661	4858	339		896	381			6 473
1885	793	659	368		308	166	51	1484		3827	491	1228	907	315			6 769
1886	667	826	352		404	493	46	1879		4668	325	1005	777	332			7 109
1887	761	861	403		363	734	63	1572		4699	654	2065	1213	880			9 511
1888	969	1259	314		453	667	69	1628		5358	1 318	2386	1105	839	437		11 443
1889	1339	1080	340		374	1181	167			4914	3 260	3517	861	1 476	1747		16 782
1890	1279	1080	415		372	1133	153			4842	5 161	6514	548	3 378	3057		23 788
1891	690	583	265		238	515	97	1		2399	2 782	3857	237	2 424	1391		13 092
1892*	1098	725	749	1	425	726	135	7		3934	6 043	3589	805	4 209	1080		19 661
1892/93	852	413	501	1	445	589	150	8		3053	5 224	3275	830	4 321	1197	231	18 131
1893/94	1044	822	684	10	526	719	228	1		4076	7 313	4157	767	5 589	1350	352	23 605
1894/95	1151	436	721	18	358	857	313			4120	10 261	4933	872	7 739	1145	2541	31 612
1895/96	927	520	1132	6	509	1013	434			4743	17 945	8419	917	11 011	6848	3515	53 398
1896/97	983	866	1706	15	495	913	438	16		4490	20 480	8105	1246	9 197	1885	3689	50 913

[201] Die Umsatzzahlen sind in den verschiedenen Quellen unterschiedlich angegeben. Daher sind die Zahlen untereinander nicht addierfähig. Die Differenzen verfälschen jedoch das Bild nicht entscheidend. Vgl. auch SAA 29/Lp 530.

Tabelle 8 Remonte-Ergebnisse 1856–1865 (Angaben in Rubel)[202]

Jahr	Ausgaben	Einnahmen	Gewinn
1856	400 863	460 994	60 310
1857	325 450	423 645	98 194
1858	332 789	142 415	79 625
1859	388 225	511 727	123 502
1860	533 891	688 553	152 662
1861	318 802	443 385	124 582
1862	238 500	343 191	104 691
1863	323 904	419 364	95 460
1864	191 060	279 155	88 094
1865	171 771	269 751	97 979

Tabelle 9
Die Gewinnentwicklung bei Siemens Brothers 1865–1880
bzw. bei Siemens Brothers Co. 1881–1914 (Angaben in Pfund Sterling)[203]

Jahr	Gewinn	Jahr	Gewinn
1865	14 455	1890	88 570
1866	17 000	1891	33 977
1867	21 768	1892	24 461
1868	32 349	1893	–35 021
1869	25 822	1894	129 000
1870	69 005	1895	66 584
1871	30 504	1896	14 309
1872	–507	1897	19 690
1873	96 265	1898	18 339
1874	119 625	1899	22 769
1875	113 921	1900	64 387
1876	22 397	1901	77 920
1877	60 494	1902	38
1878	24 031	1903	2 515
1879	282 550	1904	71
1880	189 672	1905	682
1881	356 097	1906	106
1882	122 475	1907	20 217
1883	26 660	1908	23 061
1884	313 560	1909	24 173
1885	174 758	1910	24 225
1886	627	1911	24 119
1887	21 578	1912	24 796
1888	13 824	1913	45 707
1889	96 545	1914	45 351

[202] Quelle: SAA 17/Lm 184, 1 und 2 zitiert nach Kirchner, Deutsche Industrie, S. 47.

[203] Vgl. von Weiher, Überseegeschäft, Anlage 11.

Tabelle 10
Umsatzentwicklung Siemens & Halske Wien I und II[204]

Jahr	Umsatz Wien I (M)	Wien II (M)	Geschäfts-ergebnis (1000 M)
1878			–12,2
1879	3549		–1
1880	88471		–29,3
1881	111768		–20,1
1882	138571		–24,1
1883	331609		–12,3
1884	601260		–62,3
1885	463430		–74,7
1886	443312		–81,6
1887	1173997		–20,9
1888	1175238	591847	158,4
1889	2408379	2367390	61,4
1890	4034122	4142933	
1891	2646307	1709162	
1891/92	4617545	1913417	
1892/93	4640128	1906879	
1893/94	5861642	1862360	
1894/95	8131429	3017608	
1895/96	11497921	10995506	
1896/97	9948893	6592632	
1897/98	7928915	5495568	
1898/99	14683549	5947628	
1899/00		8851907	
1900/01		13301176	
1901/02		17177310	

[204] Zusammengestellt nach: SAA 29/Li 435 und 29/Li 935, Wallwe Bd. 3, S. 102 (Angaben des Geschäftsergebnisses für die Jahre 1878–1880 in 1000 österreichischen Schilling).

Tabelle 11
An die Inhaber verteilter Reingewinn 1850–1895/96 (Angaben in Mark)[205]

Jahr	Summe	Jahr	Summe
1850	12 375	1874	689 778
1851/52	26 035	1875	570 037
1853	33 750	1876	495 247
1854	43 205	1877	915 964
1855	142 988	1878	1 060 481
1856	57 177	1879	1 004 250
1857	57 905	1880	1 296 518
1858	97 860	1881	883 051
1859	65 531	1882	734 016
1860	60 456	1883	1 054 680
1861	10 752	1884	945 488
1862	3 049	1885	1 009 685
1863	26 067	1886	1 184 795
1864	75 015	1887	1 705 175
1865	119 857	1888	1 945 545
1866	164 002	1889	2 125 704
1867	122 632	1890	2 761 677
1868	260 661	1891	1 523 952
1869	349 695	1891/92	1 446 496
1870	438 303	1892/93	687 658
1871	549 213	1893/94	1 276 881
1872	446 148	1894/95	1 816 721
1873	726 540	1895/96	2 850 000

[205] Quelle: SAA 14/Lh 662.

Tabelle 12
Belegschaft und Umsatz Haus Siemens 1871–1902/03 [206]

Jahr	Belegschaft Insgesamt	Haus Siemens ohne ausländische Häuser Belegschaft	Umsatz (1000 M)
1871	1386	446	1760
1872	1591	581	2234
1873	1672	628	3381
1874	2351	650	3114
1875	1119	571	2700
1876	959	630	2677
1877	1329	738	3712
1878	1311	823	4984
1879	2128	754	5023
1880	1491	876	6933
1881	2453	905	4962
1882	1990	1085	4841
1883	2326	1300	5583
1884	3372	1437	6473
1885	2751	1568	6769
1886	2600	1622	7109
1887	3025	2078	9511
1888	3478	2449	11443
1889	4513	3084	16782
1890	5545	3950	23788
1891*	5942	4362	13092
1891/92	6533	4775	19661
1892/93	6795	4897	18131
1893/94	7833	5389	23605
1894/95	8371	6054	31612
1895/96	10340	7697	53498
1896/97	10911	8733	50193
1897/98	11445	9058	57217
1898/99	14040	10597	65939
1899/00	16350	12283	76809
1900/01	16891	15513	81846
1901/02	17823	14659	76552
1902/03	25831	22506	74201

[206] Nach Z-Bericht vom 26. Mai 1966. Der Umsatz 1891* umfaßte nur sieben Monate, da Siemens & Halske sein Geschäftsjahr auf die Zeit 1. August bis 31. Juli verlegte. Seit 1920 beginnt das Geschäftsjahr am 1. Oktober.

Tabelle 13
Umsatz- und Belegschaftsentwicklung Haus Siemens und DEG/AEG[207]

Jahr	Siemens Umsatz (Mio. M)	Belegschaft	AEG Umsatz (Mio. M)
1884	6,5	1 437	1,2
1885	6,8	1 568	2,1
1886	7,1	1 622	2,2
1887	9,5	2 078	
1888	11,4	2 449	4,8
1889	16,7	3 084	6,2
1890	23,8	3 950	11,1
1891*	13,1	4 362	17
1892	19,7	4 775	13,1
1893	18,1	4 897	13,7
1894	23,6	5 389	16,3
1895	31,6	6 054	16,9
1896	53,5	7 697	39,2
1897	50,2	8 733	47
1898	57,3	9 058	64
1899	65,9	10 597	82,1
1900	76,8	12 283	100,2
1901	81,8	15 513	96,9
1902	76,6	14 659	80,6
1903	74,2	22 506	78,6
1904	89,6	24 246	108,3
1905	107	27 756	132,1
1906	135,6	30 644	175,5
1907	187,7	34 324	216,1
1908	211,5	33 162	237,2
1909	214,5	32 061	249,7
1910	228,8	38 457	252
1911	252,6	49 896	306,6
1912	329,7	58 497	379,2
1913	402,5	63 447	441,3

[207] Nach Z-Bericht vom 26. Mai 1966. Der Umsatz 1891* umfaßte nur sieben Monate, da Siemens & Halske sein Geschäftsjahr auf die Zeit 1. August bis 31. Juli verlegte. Seit 1920 beginnt das Geschäftsjahr am 1. Oktober.

Tabelle 14
Belegschafts- und Umsatzentwicklung Siemens

Geschäftsjahr	Belegschaft Haus Siemens		Umsatzentwicklung	
	Insgesamt	Deutschland	S & H (Mio. M)	SSW (Mio. M)
1903/04	31 475	24 246	21,6	70,4
1904/05	35 258	27 756	26,2	84
1905/06	38 787	30 644	35,4	104,2
1906/07	42 866	34 324	49,4	144,3
1907/08	42 514	33 162	53,7	164,7
1908/09	41 303	32 061	60,1	160,5
1909/10	49 289	38 457	65,8	169,1
1910/11	64 016	49 896	64,2	195,4
1911/12	74 945	58 497	93,1	246,7
1912/13	81 795	63 447	97	318,3
1913/14	81 745	61 862	99,2	314,8

Quellen- und Literaturverzeichnis

Archive und Institute

AEG-Archiv

Archiv Deutsche Bank

Archiv der Siemens AG

Bundesarchiv, Abt. Potsdam

Leo Baeck-Institut New York

Literatur

Borchardt, Knut: Die industrielle Revolution in Deutschland, München 1977

Borchardt, Knut: Wirtschaftliches Wachstum und Wechsellagen, 1800–1914. In: Handbuch der deutschen Wirtschafts- und Sozialgeschichte, hg. von W. Zorn, Bd. 2, Stuttgart 1976, S. 198–275

Brandstetter, Erich: Finanzierungsmethoden in der deutschen elektrotechnischen Industrie, Diss. Gießen 1930

Chandler, Alfred D.: Scale and Scope. The Dynamics of Industrial Capitalism, Cambridge–London 1990

Cohen, Rudolf: Schuckert 1873–1923, Würzburg 1923

Conrad, Christoph: Erfolgsbeteiligung und Vermögensbildung der Arbeitnehmer bei Siemens (1847–1945) (= Beiheft 36 der Zeitschrift für Unternehmensgeschichte), Wiesbaden 1986

Czada, Peter: Die Berliner Elektroindustrie in der Weimarer Zeit (= Einzelveröffentlichungen der Historischen Kommission zu Berlin 4), Berlin 1969

Dettmar, Georg: Die Entwicklung der Starkstromtechnik in Deutschland, Bd. 1, Berlin 1940

Dynamik und Dimensionen der deutschen Elektroindustrie. Sonderdruck aus Elektrotechnik, Frankfurt/M. o.J.

Ehrenberg, Richard: Die Unternehmungen der Brüder Siemens. Bd. 1. Bis zum Jahre 1870, Jena 1906.

Eibert, Georg: Unternehmenspolitik Nürnberger Maschinenbauer 1835–1914 (= Beiträge zur Wirtschaftsgeschichte 3), Stuttgart 1979

Elektrotechnische Zeitschrift 1880

Fasolt, Friedrich: Die sieben größten deutschen Elektrizitätsgesellschaften. Ihre Entwicklung und Unternehmertätigkeit. Eine volkswirtschaftliche Studie. Nebst einem Anhang: Die zahlenmäßige Entwicklung der deutschen elektrotechnischen Industrie, ihre örtliche Verteilung und ihre Gliederung, Phil. Diss. Heidelberg, Borna-Leipzig 1904 (= Mitteilungen der Gesellschaft für wirtschaftliche Ausbildung e.V., Frankfurt a. Main, H. 2), Dresden 1904

Feldenkirchen, Wilfried: Zur Finanzierung von Großunternehmen in der chemischen und elektrotechnischen Industrie Deutschlands vor dem Ersten Weltkrieg. In: Beiträge zur quantitativen vergleichenden Unternehmensgeschichte (= Historisch-Sozialwissenschaftliche Forschungen 19), hg. von R. Tilly, Stuttgart 1985, S. 94–125

Feldenkirchen, Wilfried: The Export Organization of the German Economy. In: Business History of General Trading Companies. The International Conference on Business History 13. Proceedings of the Fuji Conference, ed. by S. Yonekawa/H. Yoshihara, Tokyo 1987, S. 295–331

Feldenkirchen, Wilfried: Die Finanzierung der deutschen Elektroindustrie in der Zwischenkriegszeit. In: Zur Geschichte der Unternehmensfinanzierung, hg. v. Dietmar Petzina (= Schriften des Vereins für Socialpolitik NF. 196), Berlin 1990, S. 35–68

Findeisen, Franz: Unternehmensform als Rentabilitätsfaktor, Berlin 1924

Fünfzig Jahre AEG. Als Manuskript gedruckt. o.O.o.J.

Goetzeler, Herbert/Schoen, Lothar: Wilhelm und Carl Friedrich von Siemens. Die zweite Unternehmergeneration, Stuttgart–Wiesbaden 1986

Helfferich, Karl: Georg von Siemens, 3 Bde, Berlin 1921–1923.

Henning, Friedrich-Wilhelm: Die Industrialisierung in Deutschland, 1800–1914, 7. Aufl., Paderborn 1989

Henninger, Gerd: Elektrifizierung in Preußen. Ein Beitrag zur Geschichte der Elektrifizierung der Industrie 1890–1914, Diss. (Ost-)Berlin 1988

Hertner, Peter: German Multinational Enterprises before 1914: Some Case Studies. In: Peter Hertner/Geoffrey Jones (Hg.), Multinationals – Theory and History, Aldershot 1986

Hoffmann, Walther G.: Das Wachstum der deutschen Wirtschaft seit der Mitte des 19. Jahrhunderts, Berlin–Heidelberg–New York 1965

Kaelble, Hartmut: Berliner Unternehmer während der frühen Industrialisierung. Herkunft, Sozialer Status und politischer Einfluß (= Veröffentlichungen der Historischen Kommission zu Berlin 40) Berlin–New York 1972

Kreuth, Heinz: Sigmund Schuckert – Ein Pionier der Elektrotechnik, o. O., o. J. (Erlangen 1988)

Kieve Jeffrey: The Electric Telegraph. A Social and Economic History, Newton 1973

Kirchner, Walther: Deutsche Industrie und die Industrialisierung Rußlands 1815–1914, St. Katharinen 1986

Kocka, Jürgen: Die Angestellten in der deutschen Geschichte 1850–1980. Vom Privatbeamten zum angestellten Arbeitnehmer, Göttingen 1981

Kocka, Jürgen: Siemens und der aufhaltsame Aufstieg der AEG. In: Tradition, Jg. 17, 1972, S. 125–142

Kocka, Jürgen: Unternehmer in der deutschen Industrialisierung, Göttingen 1975

Kocka, Jürgen: Unternehmensverwaltung und Angestelltenschaft am Beispiel Siemens 1847–1914. Zum Verhältnis von Kapitalismus und Bürokratie in der deutschen Industrialisierung (= Industrielle Welt 11), Stuttgart 1969

Loewe, Joseph: Die elektrotechnische Industrie. In: Die Störungen im deutschen Wirtschaftsleben während der Jahre 1900 ff., Bd. 3.3. (= Schriften des Vereins für Socialpolitik 107), Leipzig 1903

Matschoß, Conrad: Werner von Siemens. Ein kurzgefaßtes Lebensbild nebst einer Auswahl seiner Briefe, 2 Bde., Berlin 1916

Michel, Andrée/Longin, Frans: Siemens. Trajèctoire d'une entreprise mondiale, Paris 1990

Peschke, Hans-Peter: Elektroindustrie und Staatsverwaltung am Beispiel Siemens 1847–1914 (= Europäische Hochschulschriften 154), Frankfurt–Bern 1981

Pohl, Hans: Aufbruch der Weltwirtschaft. Geschichte der Weltwirtschaft von der Mitte des 19. Jahrhunderts bis zum Ersten Weltkrieg, Stuttgart 1989

Pohl, Hans: Zur Geschichte von Organisation und Leitung deutscher Großunternehmen seit dem 19. Jahrhundert. In: Zeitschrift für Unternehmensgeschichte 26, 1981, S. 143–178

Pohl, Manfred: Emil Rathenau und die AEG, Berlin–Frankfurt 1988

Pole, William: Wilhelm Siemens (deutsche Ausgabe von „Life of Sir William Siemens", 1888, Berlin 1890

Remy: Die Elektrisierung der Berliner Stadt, Ring- und Vorortbahnen als Wirtschaftsproblem, Berlin 1931

Riesser, Jacob: Die deutschen Großbanken und ihre Konzentration im Zusammenhang mit der Entwicklung der Gesamtwirtschaft in Deutschland. 3. völlig umgearbeitete und stark vermehrte Auflage, Jena 1910

Sawall, Edmund: Die Unternehmenskonzentration in der Elektroindustrie. Stand, Motive und Organisationsformen. Diss. Karlsruhe 1963

Siemens, Georg: Der Weg der Elektrotechnik. Geschichte des Hauses Siemens, 2 Bde, 2. Aufl., München 1961

Siemens, Werner von: Lebenserinnerungen, 18. Aufl., München 1986

Siemens, Werner von: Wissenschaftliche Abhandlungen und Vorträge, 2. Aufl., Berlin 1889

Tilly, Richard: Verkehrs- und Nachrichtenwesen, Handel, Geld-, Kredit- und Versicherungswesen 1850–1914. In: Handbuch der deutschen Wirtschafts- und Sozialgeschichte, hg. von W. Zorn, Bd. 2, Stuttgart 1976, S. 563–596

Trendelenburg, Ferdinand: Aus der Geschichte der Forschung im Hause Siemens (= Technikgeschichte in Einzeldarstellungen 31), Düsseldorf 1975

Verhandlungen und Berichte des Unterausschusses für allgemeine Wirtschaftsstruktur (Enquete-Ausschuß), I. Unterausschuß 3. Arbeitsgruppe 1. Teil: Wandlungen in den Rechtsformen der Einzelunternehmungen und Konzerne, Berlin 1928

Wagenführ, Rolf: Die Bedeutung des Außenmarktes für die deutsche Industriewirtschaft (= Sonderheft 41 des Instituts für Konjunkturforschung), Berlin 1936

Waller, Ernst: Studien zur Finanzgeschichte des Hauses Siemens, 5 Bde (zugleich SAA 20/Ld 366)

Weiher, Sigfried von: Werner von Siemens. Ein Leben für Wissenschaft, Technik und Wirtschaft, Göttingen 1966

Weiher, Sigfrid von: Carl von Siemens, ein deutscher Unternehmer in Rußland und England. In: Tradition, Jg. 1956, S. 13–25

Weiher, Sigfrid von: Die englischen Siemens-Werke und das Siemens-Überseegeschäft in der zweiten Hälfte des 19. Jahrhunderts (= Schriften zur Wirtschafts- und Sozialgeschichte 38), Berlin 1990

Weiher, Sigfrid von/Goetzeler, Herbert: Weg und Wirken der Siemens-Werke im Fortschritt der Elektrotechnik 1847-1980, 3. Aufl., Berlin–München 1981

Wessel, Horst A.: Die Entwicklung des rheinischen Nachrichtenwesens in Deutschland und die rheinische Industrie (= Beiheft 25 der Zeitschrift für Unternehmensgeschichte), Wiesbaden 1983

Winterfeld, Ludwig von: Entwicklung und Tätigkeit der Firma Siemens & Halske in den Jahren 1847–1897, Diss. Berlin, Naumburg 1913

Bildnachweis

Die Fotos und Reproduktionen stammen aus dem Bildarchiv des Siemens-Museums.

Die Grafiken basieren auf Daten der im Anhang aufgeführten Tabellen.